Rueff

Analysis

Skript zur Unterrichtseinheit

(Mathematik – Sekundarstufe 2)

Analysis

Skript zur Unterrichtseinheit

(Mathematik – Sekundarstufe 2)

von Dr. Andreas Rueff

1. Auflage

 Books on Demand

Dr.-Ing. Dipl.-Phys. Andreas K. E. Rueff

Physik-Studium in Kaiserslautern, anschließend
wissenschaftlicher Mitarbeiter am Leibniz-
Institut für Neue Materialien in Saarbrücken,
Promotion in Saarbrücken, anschließend Zusatz-
qualifikation zum Lehramt für Mathematik und Physik.

Bibliographische Information der Deutschen Nationalbibliothek

Die Deutsche Nationalbibliothek verzeichnet diese Publikation in der Deutschen
Nationalbibliographie; detaillierte bibliographische Daten sind im Internet
über http://dnb.d-nb.de abrufb

Herstellung und Verlag: BoD- Books on Demand, Norderstedt
ISBN 978-3-7528-5782-5

1. Auflage, 2018
Funktionsgraphen unter Verwendung von WZ-Grapher (www.walterzorn.de)
Internetseite zum Heft: www.mathematik-sek1.jimdo.com

www.mathe-physik-technik.de

Vorwort

Die Ausbildung zu fördern und die erworbenen Kenntnisse für den Gebrauch in der Schule und im Alltag griffbereit zu erhalten ist das Ziel dieses Skripts. Die Zusammenstellung orientiert sich an den Inhalten der Unterrichtseinheit *Analysis* im Rahmen des Unterrichtsfachs Mathematik in der Sekundarstufe 2. Es ist aus zahlreichen Unterrichtsvorbereitungen hervorgegangen und soll die wichtigsten Inhalte zusammenfassen.

Die vorliegende Zusammenstellung soll nur den notwendigsten Stoff in einer strukturierten Form erfassen und dadurch das Arbeiten erleichtern. Den Gesamtzusammenhang nicht aus den Augen zu verlieren ist die Absicht.

Jedes Lehrbuch lebt von der kritischen Mitarbeit der Leser. Insbesondere in der naturwissenschaftlichen Literatur lässt es sich auch bei sorgfältigster Bearbeitung kaum vermeiden, dass sich Druckfehler einschleichen. Der Verfasser freut sich deshalb über Verbesserungsvorschläge oder Hinweise auf mögliche Fehler.

Als nützliche Gedächtnisstütze zur Unterrichtseinheit zu dienen ist das Ziel.

Kaiserslautern, im Sommer 2017   A. Rueff

Inhalt

Folgen und Reihen

Reelle Zahlenfolge (a_n) :

Reelle Zahlen in fester Reihenfolge $a_1, a_2, a_3, a_4, ..., a_n, ...$

Wenn man eine unendlich Zahlenfolge nach dem n-ten Folgeglied abbricht, dann erhält man eine endlich Zahlenfolge $a_1, a_2, a_3, a_4, ..., a_n$ mit n Gliedern.

Bildungsgesetz:

Term zur Berechnung des n-ten Folgegliedes.

Bsp.: $a_n = n^2$ (Quadratzahlen); $a_1 = 1$, $a_2 = 4$, $a_3 = 9$, ...

Arithmetische Folge:

Die <u>Differenz</u> zweier aufeinanderfolgender Glieder hat stets den gleichen Wert: $a_{n+1} - a_n = d$ $(d = const. ; d \neq 0)$

Geometrische Folge:

Der <u>Quotient</u> zweier aufeinanderfolgender Glieder hat stets den gleichen Wert: $\dfrac{a_{n+1}}{a_n} = q$ $(q = const. ; q \neq 0)$

Reihe (s_n):

Eine Folge deren n-tes Glied die Summe der ersten n Glieder einer anderen endlichen Folge (a_n) ist, wird als Reihe bezeichnet.

$$s_n = a_1 + a_2 + a_3 + ... + a_n = \sum_{i=1}^{n} a_i$$

Grenzwert einer Zahlenfolge:

Eine Folge (a_n) heißt *konvergent* gegen den Grenzwert g, wenn sich die Folgeglieder für $n \to \infty$ „beliebig dicht" einer festen Zahl g nähern.

Schreibweise: $\boxed{\lim_{n \to \infty}(a_n) = g}$; Bsp.: $\lim_{n \to \infty}\left(\dfrac{1}{n} + 1,5\right) = 1,5$

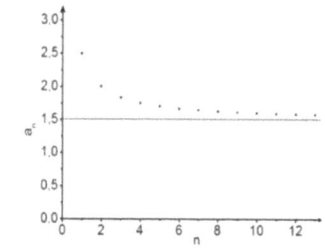

(Folgen ohne Grenzwert heißen *divergent*.)

Grenzwertsätze:

$\lim_{n\to\infty}(a_n + b_n) = \lim_{n\to\infty}(a_n) + \lim_{n\to\infty}(b_n)$	$\lim_{n\to\infty}(a_n - b_n) = \lim_{n\to\infty}(a_n) - \lim_{n\to\infty}(b_n)$
$\lim_{n\to\infty}(a_n \cdot b_n) = \lim_{n\to\infty}(a_n) \cdot \lim_{n\to\infty}(b_n)$	$\lim_{n\to\infty}(a_n : b_n) = \lim_{n\to\infty}(a_n) : \lim_{n\to\infty}(b_n)$

Grenzwerte von Funktionen

Grenzwert:

Eine Funktion f hat den Grenzwert g, wenn sich die Funktionswerte $f(x)$ für einen bestimmten Grenzprozess „beliebig dicht" einer festen Zahl g nähern. Man unterscheidet die dabei Grenzprozesse gegen $\pm\infty$ oder gegen eine bestimmte Stelle x_0 : $x\to\infty$; $x\to-\infty$; $\underset{x<x_0}{x\to x_0}$; $\underset{x>x_0}{x\to x_0}$

Schreibweise: $\boxed{\lim_{x\to\infty} f(x)=g}$; Bsp.: $\lim_{x\to\infty}\left(\dfrac{1+x}{x}\right)=1$

Der Grenzwert gegen eine bestimmte Stelle x_0 kann dabei linksseitig $\underset{x<x_0}{x\to x_0}$ oder rechtsseitig $\underset{x>x_0}{x\to x_0}$ betrachtet werden.

Grenzwerte bestimmen:

1) **Testeinsetzungen:** In einer Wertetabelle werden Funktionswerte berechnet bei denen sich die Variable immer mehr der zu untersuchenden Stelle annähern. Bsp.: $\lim_{x\to\infty}\left(\dfrac{1+x}{x}\right)=1$

x	1	10	100	1000	10000	10000000
$f(x)=\frac{1+x}{x}$	2	1,1	1,01	1,001	1,0001	1,0000001

2) **Termumformungen:** Der Funktionsterm wird vereinfacht, dann werden die einzelnen Teilterme bewertet: Bsp.: $\lim_{x\to\infty}\left(\dfrac{1+x}{x}\right)=1$

$$f(x)=\frac{1+x}{x}=\frac{1}{x}+\frac{x}{x}=\frac{1}{x}+1 \quad \to \quad \lim_{x\to\infty}\left(\frac{1+x}{x}\right)=\lim_{x\to\infty}\left(\frac{1}{x}\right)+\lim_{x\to\infty}(1)=0+1=1$$

3) **h-Methode** (Untersuchung an einer bestimmten Stelle x_0):
Setze hierfür die Variable $x=x_0+h$ und untersuche $h\to 0$.

Bsp. (linksseitig): $\underset{x<2}{\lim_{x\to 2}}\left(\dfrac{1}{x-2}\right)=\underset{h<0}{\lim_{h\to 0}}\left(\dfrac{1}{(2+h)-2}\right)=-\infty$

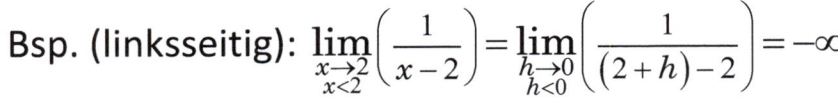

h	-10	-5	-1	-0,1	-0,001	-0,00001
$\frac{1}{(2+h)-2}$	-0,1	-0,2	-1	-10	-1000	-100000

rechtsseitig: $\underset{x>2}{\lim_{x\to 2}}\left(\dfrac{1}{x-2}\right)=\underset{h>0}{\lim_{h\to 0}}\left(\dfrac{1}{(2+h)-2}\right)=\infty$

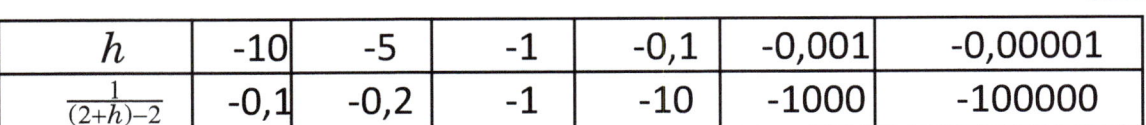

h	10	5	1	0,1	0,001	0,00001
$\frac{1}{(2+h)-2}$	0,1	0,2	1	10	1000	100000

-10-

Nullstellen von Polynomfunktionen

Bei vielen Aufgaben ist es wichtig, die Nullstellen des Funktionsgraphen zu bestimmen. Dafür wird der Funktionsterm gleich Null gesetzt: $f(x) \overset{!}{=} 0$

Lösungsmethoden für Polynomfunktionen:

1) Gleichungen 2. Grades: p-q-Formel oder a-b-c-Formel

$$x^2 + 6x - 27 = 0 \qquad \rightarrow p = 6 \; ; \; q = -27$$

$$x_{1,2} = -\frac{6}{2} \pm \sqrt{\left(\frac{6}{2}\right)^2 - (-27)} = -3 \pm 6 \quad \rightarrow \quad x_1 = 3 \; ; \; x_2 = -9$$

2) Gleichungen 3. und 4. Grades:

Auch hier gibt es noch Lösungsformeln, die Berechnung ist allerdings kompliziert. Für spezielle Fälle können aber Vereinfachungen zur Lösung führen:

a. Ausklammern und die einzelnen Faktoren gleich Null setzen:

$$2x^3 - 4x^2 - 6x = 0$$

$$\rightarrow \underset{\rightarrow 1.Nullstelle}{2x} \cdot \underbrace{\left(x^2 - 2x - 3\right)}_{\rightarrow 2.\ und\ 3.\ Nullstelle} = 0$$

$$2x = 0 \qquad \rightarrow x_1 = 0$$
$$x^2 - 2x - 3 = 0 \quad \rightarrow x_2 = -1 \; ; \; x_3 = 3$$

b. Substitution (biquadratische Gleichung):

$$x^4 - 13x^2 + 36 = 0 \qquad \rightarrow \quad substituiere: x^2 = z$$

$$z^2 - 13z + 36 = 0 \quad \rightarrow \quad z_1 = 4 \; ; \; z_2 = 9$$
$$\rightarrow x_{1,2} = 4 \rightarrow \; x_1 = 2 \; ; \; x_2 = -2$$
$$\rightarrow x_{3,4} = 9 \rightarrow \; x_3 = 3 \; ; \; x_4 = -3$$

3) Gleichungen höheren Grades:

Hier gibt es keine Lösungsformel.
Mit Hilfe einer **Polynomdivision** lässt sich der Term aber in Faktoren zerlegen. Eine Nullstelle lässt sich manchmal erraten, dann kann das Polynom in Faktoren zerlegt werden und erhält Polynome niedrigeren Grades. Diese lassen sich dann wieder nach den genannten Verfahren lösen.

Beispiel: Das Divisionsverfahren für Zahlen kann unmittelbar auf die Division von Polynomen übertragen werden.
Hier wird nun das Polynom $4x^3 + 10x^2 + 10x + 6$ durch den Divisor $(2x+3)$ geteilt:

$$\left(x^3 - 9x^2 + 26x - 24\right):\left(x-2\right)=$$

Beginne mit den höchsten Potenzen. $\rightarrow$ *Rechne :* $x^3 : x = x^2$
Multipliziere mit dem Divisor : $x^2 \cdot (x-2) = x^3 - 2x^2$
Subtrahiere dann vom Polynom :

$$\left(x^3 - 9x^2 + 26x - 24\right):\left(x-2\right)=\underline{\underline{x^2}}$$
$$\underline{-\left(x^3 - 2x^2\right)}$$
$$-7x^2 + 26x - 24$$

Rechne weiter mit den höchsten Potenzen. $\rightarrow -7x^2 : x = -7x$
Multipliziere mit dem Divisor : $-7x \cdot (x-2) = -7x^2 + 14x$
Subtrahiere dann vom Polynom :

$$\left(x^3 - 9x^2 + 26x - 24\right):\left(x-2\right)=\underline{\underline{x^2 - 7x}}$$
$$\underline{-\left(x^3 - 2x^2\right)}$$
$$-7x^2 + 26x - 24$$
$$\underline{-\left(7x^2 + 14x\right)}$$
$$12x - 24$$

Rechne weiter mit den höchsten Potenzen. $\rightarrow 12x : x = 12$
Multipliziere mit dem Divisor : $12 \cdot (x-2) = 12x - 24$
Subtrahiere dann vom Polynom :

$$\begin{array}{l}\left(x^3-9x^2+26x-24\right):\left(x-2\right)=\underline{\underline{x^2-7x+12}}\\ \underline{-\left(x^3-2x^2\right)}\\ \qquad -7x^2+26x-24\\ \qquad \underline{-\left(7x^2+14x\right)}\\ \qquad\qquad 12x-24\\ \qquad\qquad \underline{-\left(12x-24\right)}\\ \qquad\qquad\qquad 0\end{array}$$

In diesem Fall geht die Division auf. Das bedeutet, dass gilt:

$$\left(x^3-9x^2+26x-24\right)=\left(x^2-7x+12\right)\cdot\left(x-2\right)$$

Jetzt kann für beide Faktoren die Nullstellenberechnung folgen:

$$\left(x^3-9x^2+26x-24\right)=\left(x^2-7x+12\right)\cdot\left(x-2\right)=0$$

$$\rightarrow\left(x^2-7x+12\right)=0 \quad \rightarrow x_1=3 \ ; \ x_2=4$$

$$\rightarrow\left(x-2\right)=0 \qquad\qquad \rightarrow x_3=2$$

Es gilt allgemein: Wenn x_1 eine Lösung der Gleichung $f(x)=0$ ist, dann ist $f(x)$ durch den Term $\left(x-x_1\right)$ teilbar.

Aufgaben:

a.) $\left(2x^2+7x+6\right):\left(2x+3\right)$

b.) $\left(x^3-3x^2-4x+12\right):\left(x-2\right)$

c.) $\left(4x^5-7x^3+3x^2\right):\left(2x+3\right)$

d.) $\left(6x^6+5x^5-x^4+2x^3-3x^2-2x\right):\left(3x^3+x^2+2x+1\right)$

e.) $\left(\frac{19}{10}x^6+\frac{119}{20}x^5+\frac{9}{5}x^4+\frac{57}{10}x^3+4x^2-6x-4\right):\left(\frac{19}{4}x^3+3x^2-3x-2\right)$

Lösungen

a.) $\left(x+2\right)$ b.) $\left(x^2-x-6\right)$ c.) $\left(2x^4-3x^3+x^2\right)$ d.) $\left(2x^3-x^2-2x\right)$ e.) $\left(\frac{2}{5}x^3+x^2+2\right)$

Dr. Andreas Rueff

Stetige Funktionen

Anschauliche Bedeutung des Begriffs „Stetigkeit":

Lässt sich eine Funktion an einer Stelle x_0 kontinuierlich, also ohne Absetzen des Zeichenstifts zeichnen, dann ist die Funktion an der Stelle x_0 stetig.

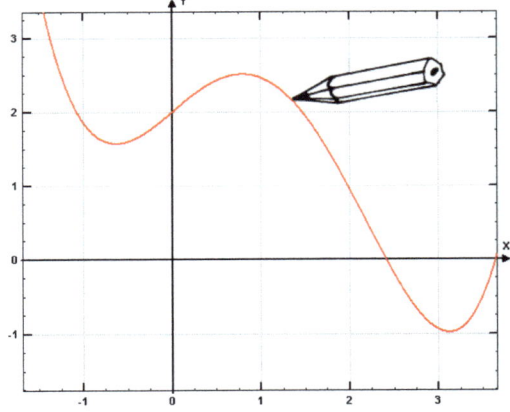

Spezialfälle von Unstetigkeiten:

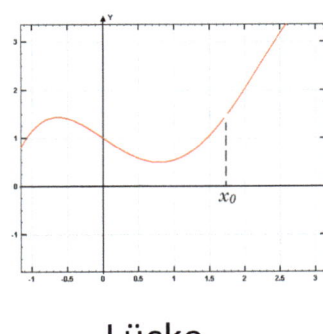
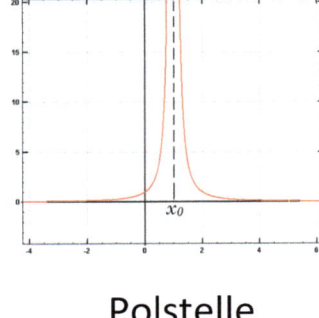
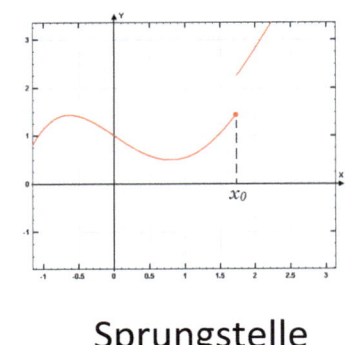

Lücke   Polstelle   Sprungstelle

Stetigkeit an einer Stelle x_0 :

Eine Funktion heißt stetig an der Stelle x_0, wenn:

1) der Funktionswert bei $f(x_0)$ existiert.

2) der Grenzwert $\lim\limits_{x \to x_0} f(x)$ existiert.

3) der Grenzwert $\lim\limits_{x \to x_0} f(x)$ gleich dem Funktionswert $f(x_0)$ ist.

$$\lim\limits_{x \to x_0} f(x) = f(x_0)$$

Stetigkeit auf einem Intervall [a,b]:

Eine Funktion f heißt in einem Intervall [a,b] stetig, wenn sie an jeder Stelle x_0 des Intervalls stetig ist.

Stetigkeit ganzrationaler Funktionen:

Ganzrationale Funktionen (=Polynomfunktionen)
$$f(x) = a_n x^n + a_{n-1} x^{n-1} + a_{n-2} x^{n-2} + \ldots + a_2 x^2 + a_1 x + a_0$$
sind an jeder Stelle $x_0 \in \mathbb{R}$ stetig.

www.mathematik-sek1.jimdo.com   Dr. Andreas Rueff

Differentialrechnung

Die mittlere Änderungsrate: Der Differenzenquotient

Alltagsprobleme lassen sich mit Hilfe der Mathematik oft sehr gut beschreiben. Dadurch können dann allgemeine Fragestellungen leicht beantwortet werden.

Beispiel: Telefontarif

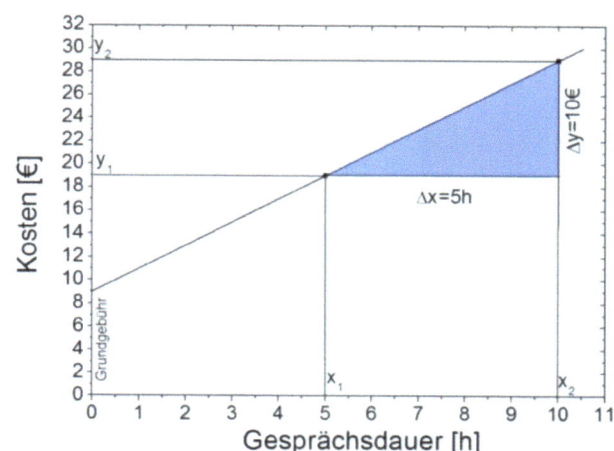

Für ein Telefonat mit der Dauer von 5 Stunden zahlt man 19€, eine Gesprächsdauer von 10 Stunden kostet 29€.

Was muss pro Stunde bezahlt werden?

$$\frac{\Delta y}{\Delta x} = \frac{y_2 - y_1}{x_2 - x_1} = \frac{10\,Euro}{5h} = \underline{\underline{2\,\frac{Euro}{h}}}$$

→ Es fallen pro Stunde 2 € Kosten an. $\left(\hat{=} Steigung \right)$

Erweiterung auf beliebige Funktionen:

Für die Funktion $f(x)$ bezeichnet man den Quotienten

$$\boxed{\frac{\Delta f}{\Delta x} = \frac{f(b) - f(a)}{b - a}}$$

als den Differenzenquotienten von f im Intervall [a,b].

Dies entspricht der Steigung der Sekante durch die Punkte P und Q.

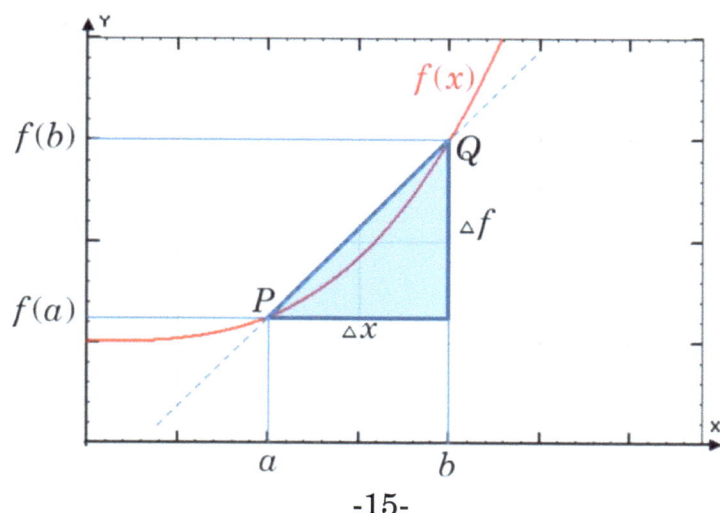

-15-

Differentialquotient und Ableitungsfunktion

Der Differenzenquotient gibt eine Näherung für die Steigung einer Funktion an. Diese Steigung kann bei einer Eingrenzung auf verschiedene Intervalle aber unterschiedlich sein.

Beispiel: Tour de France

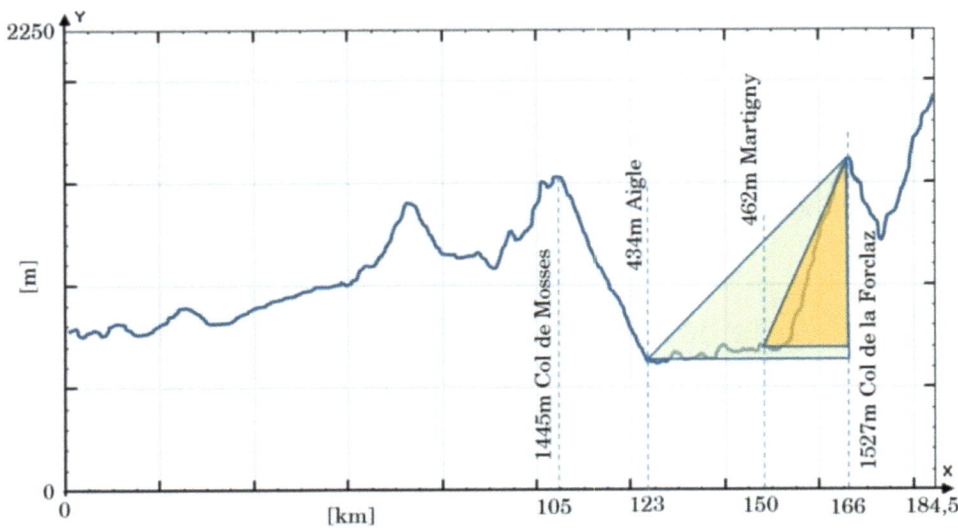

Wir wollen die Frage nach der Steigung an einer bestimmten Stelle beantworten. Dafür müssen wir das Intervall sehr klein wählen.

Erweiterung auf beliebige Funktionen:

Gleiches gilt für Funktionen. Um die Steigung an einer bestimmten Stelle zu erhalten muss ein Grenzprozess durchgeführt werden.

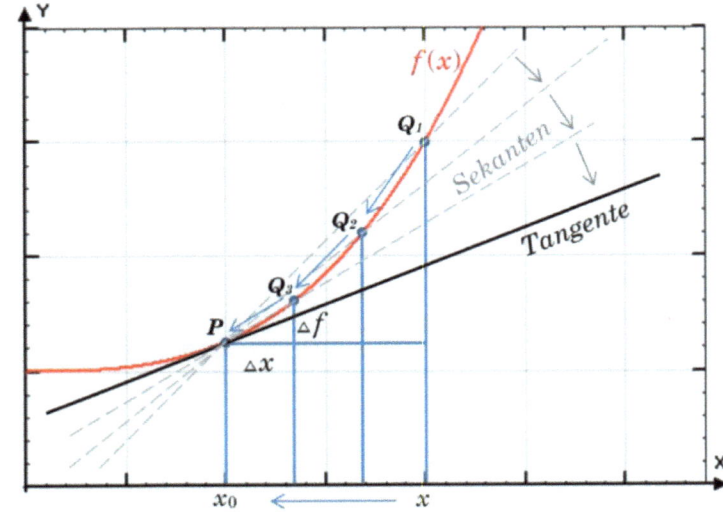

Dafür lassen wir x gegen x_0 streben.

Für die Funktion $f(x)$ bezeichnet man den Quotienten

$$\boxed{\lim_{x \to x_0} \frac{f(x) - f(x_0)}{x - x_0}}$$

als den **Differentialquotienten** von f an der Stelle x_0.
Dies entspricht der lokalen Steigung des Graphen von f an der Stelle x_0.

Rechnerische Bestimmung der Ableitungsfunktion

Weiterhin wird dieser Grenzwert als die **Ableitung** $f'(x)$ von f an der Stelle x_0 bezeichnet.

Beispiel: $f = x^3 - 2x$

$$f'(x_0) = \lim_{x \to x_0} \frac{f(x) - f(x_0)}{x - x_0} = \lim_{x \to x_0} \frac{x^3 - 2x - \left(x_0^3 - 2x_0\right)}{x - x_0}$$

$$= \lim_{x \to x_0} \frac{x^3 - 2x - x_0^3 + 2x_0}{x - x_0} = \lim_{x \to x_0} \left(\frac{x^3 - x_0^3 - 2x + 2x_0}{x - x_0} \right)$$

$$= \lim_{x \to x_0} \left(\frac{x^3 - x_0^3}{x - x_0} - \frac{2x - 2x_0}{x - x_0} \right) = \lim_{x \to x_0} \left(\frac{x^3 - x_0^3}{x - x_0} - \frac{2\left(x - x_0\right)}{x - x_0} \right) = \lim_{x \to x_0} \left(\frac{x^3 - x_0^3}{x - x_0} - 2 \right)$$

Polynomdivision:

$$\left(x^3 - x_0^3\right) : \left(x - x_0\right) = x^2 + x \cdot x_0 + x_0^2$$
$$\underline{-\left(x^3 - x^2 x_0\right)}$$
$$\qquad x^2 x_0 - x_0^3$$
$$\qquad \underline{-\left(x^2 x_0 - x \cdot x_0^2\right)}$$
$$\qquad\qquad x \cdot x_0^2 - x_0^3$$
$$\qquad\qquad \underline{-\left(x \cdot x_0^2 - x_0^3\right)}$$
$$\qquad\qquad\qquad 0$$

$$f'(x_0) = \lim_{x \to x_0} \left(\frac{x^3 - x_0^3}{x - x_0} - 2 \right) = \lim_{x \to x_0} \left(x^2 + x \cdot x_0 + x_0^2 - 2 \right)$$

$$= x_0^2 + x_0 \cdot x_0 + x_0^2 - 2$$

$$= \underline{\underline{3x_0^2 - 2}}$$

Dies gilt für beliebige x_0. Wir erhalten daher für die Funktion $f = x^3 - 2x$ die **Ableitungsfunktion** $f'(x) = 3x^2 - 2$.

Dr. Andreas Rueff

Zeichnerische Bestimmungs der Ableitungsfunktion

Die Ableitungsfunktion $f'(x)$ der Funktion $f(x)$ lässt sich aber auch zeichnerisch bestimmen. Hierfür ordnet man jedem x die an dieser Stelle vorliegende Steigung durch das Steigungsdreick zu. (Graphisches Differenzieren)

Vorgehen:

1) Alle horizontalen Steigungen einzeichnen $\rightarrow$ Nullstellen von $f'(x)$

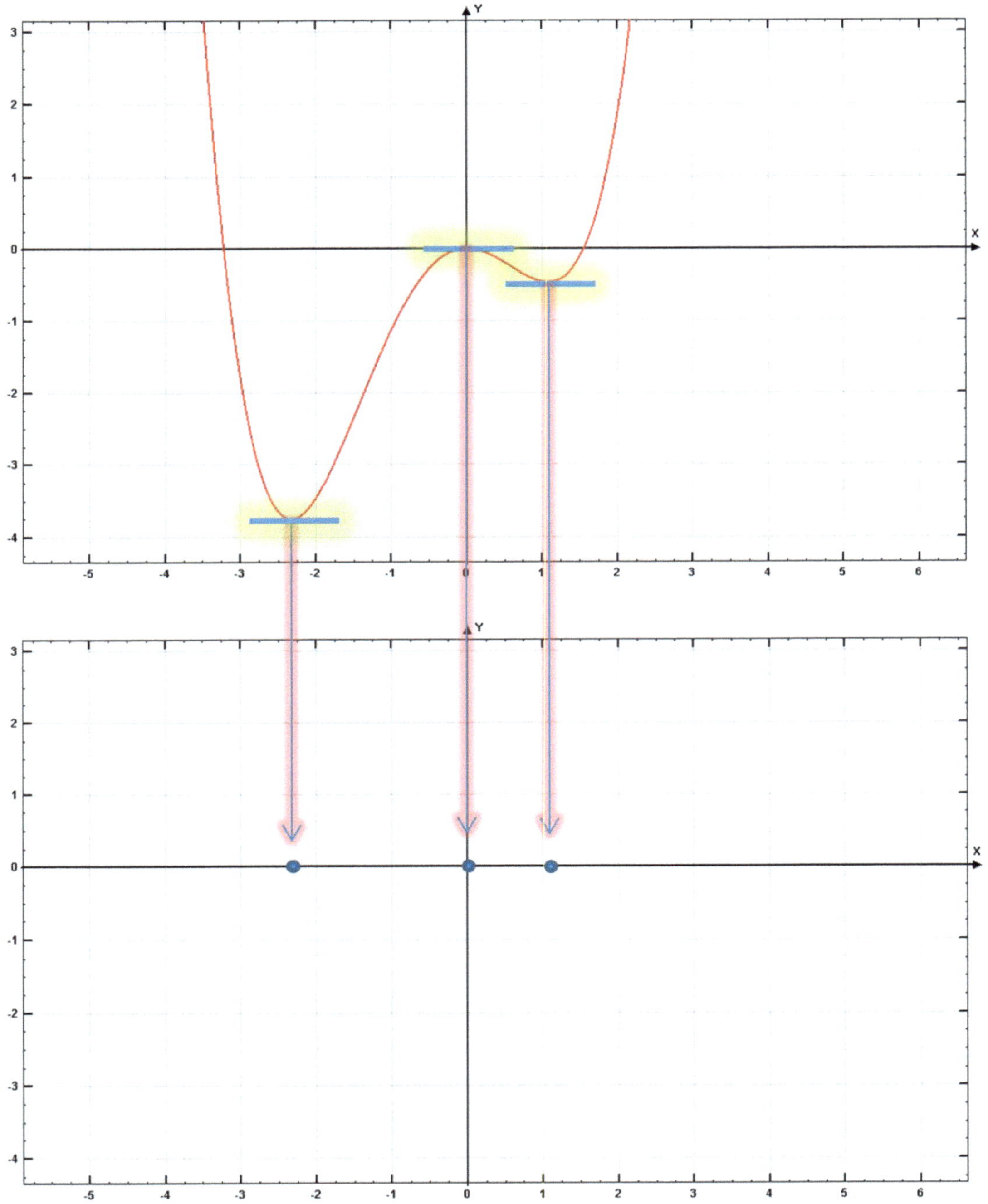

2) Steigungsdreiecke in einzelnen Punkten eintragen und die Steigung übertragen. Hierbei ist darauf zu achten, dass das Steigungsdreieck immer eine Breite von 1 Längeneinheit hat. Dann kann die Steigung direkt eingezeichnet werden.

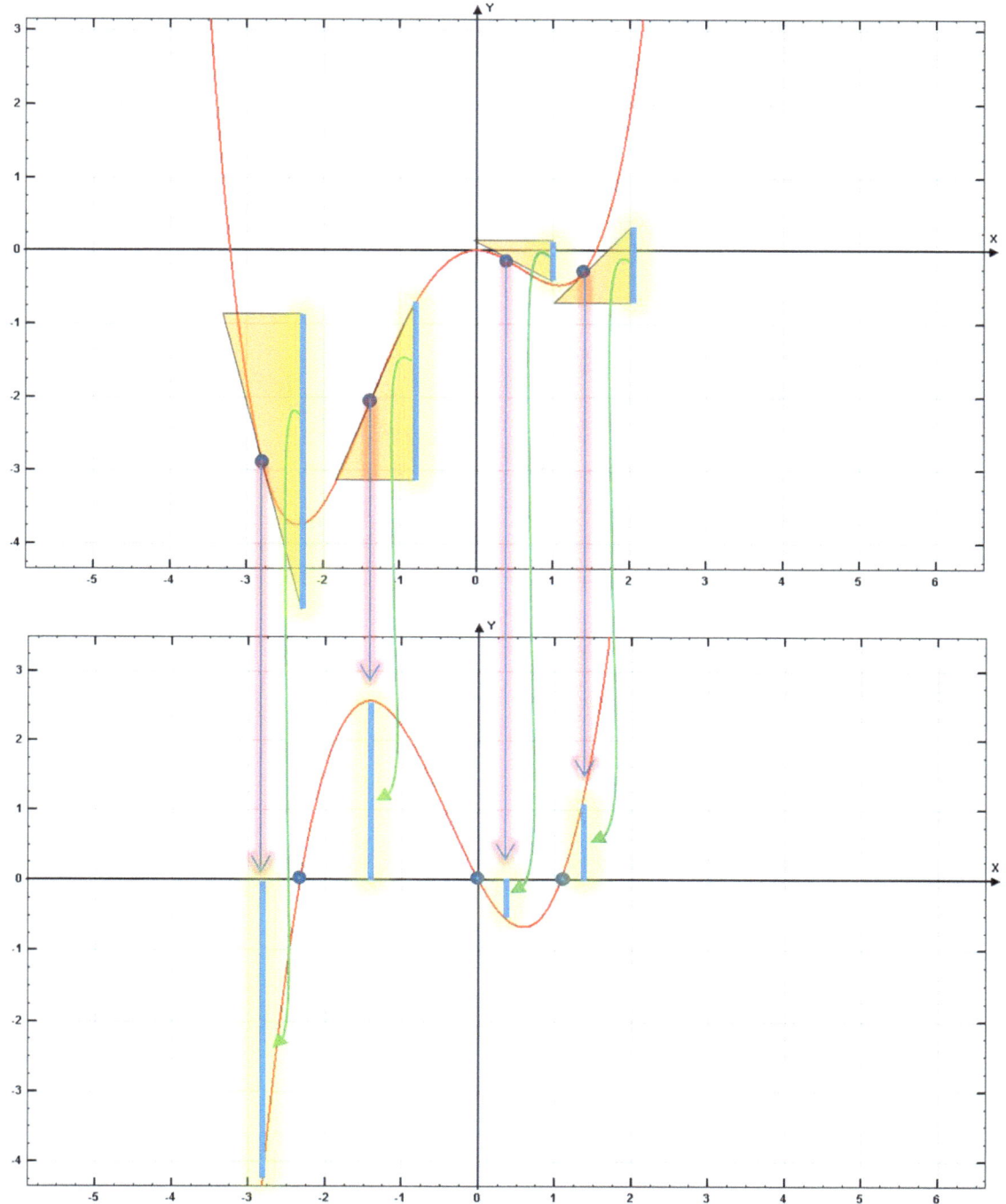

So erhält man schrittweise einzelne Punkte der Ableitungsfunktion. Diese verbindet man anschließend und erhält das Schaubild der Funktion $f'(x)$.

Exponentialfunktionen ableiten

Bsp.: $f(x) = 1,3^x$

Graphisch ableiten:

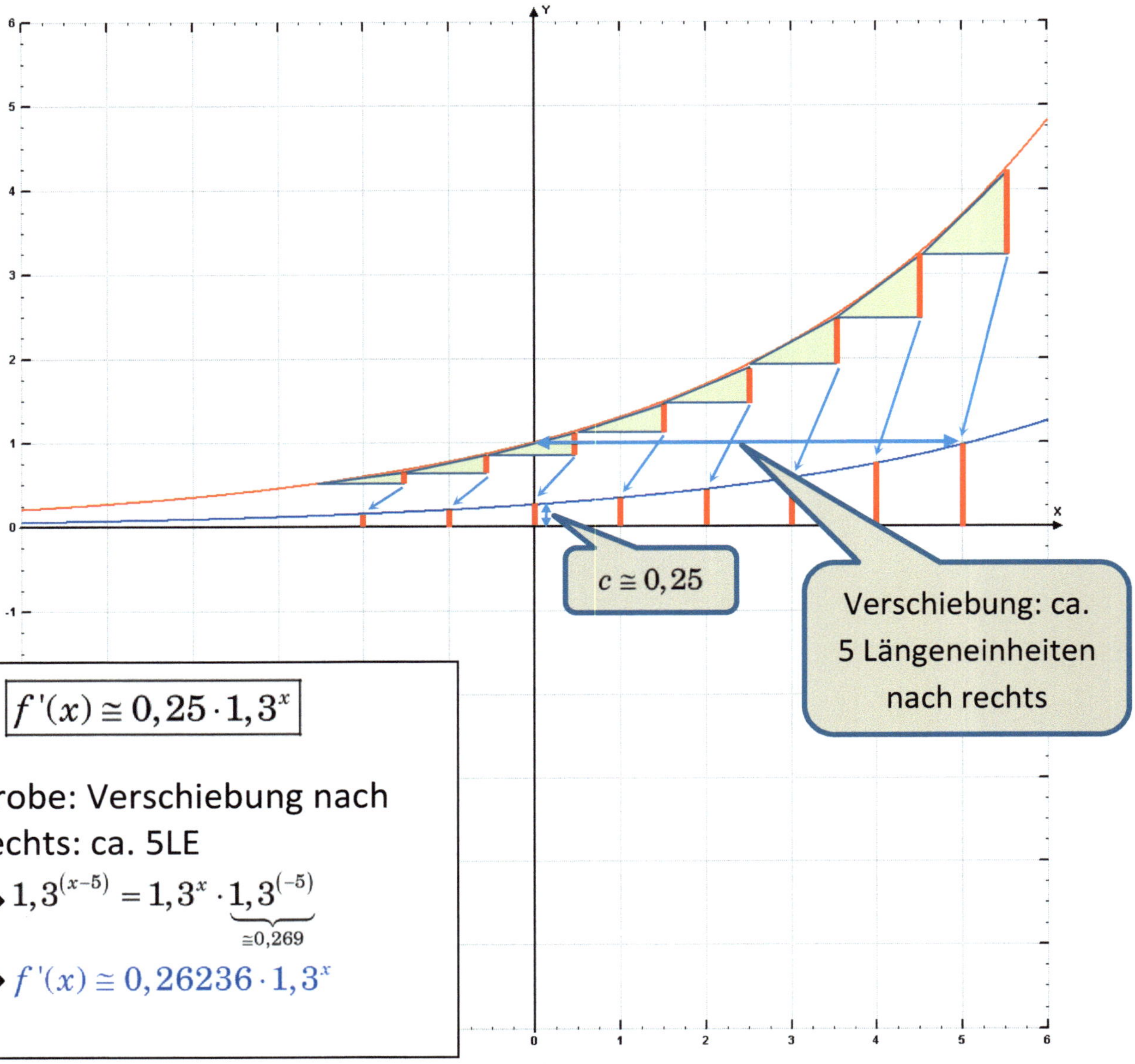

$c \cong 0,25$

Verschiebung: ca. 5 Längeneinheiten nach rechts

$\rightarrow \boxed{f'(x) \cong 0,25 \cdot 1,3^x}$

Probe: Verschiebung nach rechts: ca. 5LE

$\rightarrow 1,3^{(x-5)} = 1,3^x \cdot \underbrace{1,3^{(-5)}}_{\cong 0,269}$

$\rightarrow f'(x) \cong 0,26236 \cdot 1,3^x$

Rechnerisch: $\quad f'(x_0) = \lim\limits_{x \to x_0} \dfrac{f(x) - f(x_0)}{x - x_0}$

$$f'(x_0) = \lim\limits_{x \to x_0} \frac{1,3^x - 1,3^{x_0}}{x - x_0} \xrightarrow{\;1,3^x = 1,3^{(x-x_0)} \cdot 1,3^{x_0}\;} = \lim\limits_{x \to x_0} \left(\underbrace{\frac{1,3^{(x-x_0)} - 1}{x - x_0}}_{\to 0,2626677} \right) \cdot 1,3^{x_0}$$

$\rightarrow \underline{f'(x) \cong 0,26267 \cdot 1,3^x}$

-20-

Ableitungsregeln

Konstantenregel:

$f(x)$	$f'(x)$
$c \quad (c \in \mathbb{R})$	0

Potenzregel:

$f(x)$	$f'(x)$
$x^n \quad (x \in \mathbb{R}, n \in \mathbb{N})$	$n \cdot x^{n-1}$

Reziprokenregel:

$f(x)$	$f'(x)$
$\dfrac{1}{x} \quad (x \in \mathbb{R} \setminus \{0\})$	$-\dfrac{1}{x^2}$

Wurzelregel:

$f(x)$	$f'(x)$
$\sqrt{x} \quad (x \in \mathbb{R}_+)$	$\dfrac{1}{2\sqrt{x}}$
$\sqrt[n]{x} \quad (x \in \mathbb{R}_+, n \in \mathbb{N})$	$\dfrac{1}{n \cdot \sqrt[n]{x^{n-1}}}$

Summenregel: $\quad \left(f(x) + g(x)\right)' = f(x)' + g(x)'$

Faktorregel: $\quad \left(c \cdot f(x)\right)' = c \cdot f(x)'$

Produktregel: $\quad \left(u(x) \cdot v(x)\right)' = u(x)' \cdot v(x) + u(x) \cdot v(x)'$

Quotientenregel: $\quad \left(\dfrac{u(x)}{v(x)}\right)' = \dfrac{u(x)' \cdot v(x) - u(x) \cdot v(x)'}{v(x)^2}$

Kettenregel: $\quad \left(f\left(g(x)\right)\right)' = f\left(g(x)\right)' \cdot g(x)'$

www.mathematik-sek1.jimdo.com

Dr. Andreas Rueff

Die Produktregel (Herleitung)

Betrachte die Funktion: $f(x) = u(x) \cdot (x)$

Für die Ableitung der Funktion $f(x)$ an der Stelle x_0 gilt:

$$f'(x_0) = \lim_{x \to x_0} \frac{f(x) - f(x_0)}{x - x_0}$$

$$f'(x_0) = \lim_{x \to x_0} \frac{u(x) \cdot v(x) - u(x_0) \cdot v(x_0)}{x - x_0}$$

$$f'(x_0) = \lim_{x \to x_0} \frac{u(x) \cdot v(x) - u(x_0) \cdot v(x_0) + \overbrace{u(x_0) \cdot v(x) - u(x_0) \cdot v(x)}^{Erweiterung}}{x - x_0}$$

$$f'(x_0) = \lim_{x \to a} \frac{u(x) \cdot v(x) - u(x_0) \cdot v(x)}{x - x_0} + \lim_{x \to x_0} \frac{u(x_0) \cdot v(x) - u(x_0) \cdot v(x_0)}{x - x_0}$$

$$f'(x_0) = \lim_{x \to a} \frac{u(x) - u(x_0)}{x - x_0} \cdot v(x) + \lim_{x \to x_0} u(x_0) \cdot \frac{v(x) - v(x_0)}{x - x_0}$$

$$f'(x_0) = \lim_{x \to x_0} \frac{u(x) - u(x_0)}{x - x_0} \cdot \lim_{x \to x_0} v(x) + \lim_{x \to x_0} u(x_0) \cdot \lim_{x \to x_0} \frac{v(x) - v(x_0)}{x - x_0}$$

$$f'(x_0) = \underbrace{\lim_{x \to x_0} \frac{u(x) - u(x_0)}{x - x_0}}_{u'(x_0)} \cdot \underbrace{\lim_{x \to x_0} v(x)}_{v(x_0)} + \underbrace{\lim_{x \to x_0} u(a)}_{u(x_0)} \cdot \underbrace{\lim_{x \to x_0} \frac{v(x) - v(x_0)}{x - x_0}}_{v'(x_0)}$$

$$\Rightarrow f'(x_0) = u'(x_0) \cdot v(x_0) + u(x_0) \cdot v'(x_0)$$

Dies gilt für alle x_0. Wir können also auch allg. schreiben:

$$\Rightarrow f'(x) = u'(x) \cdot v(x) + u(x) \cdot v'(x)$$

$$\Rightarrow \boxed{Kurzform: f' = u' \cdot v + u \cdot v'}$$

Die Quotientenregel (Herleitung über die Produktregel)

Betrachte die Funktion: $f(x) = \dfrac{u(x)}{v(x)}$ Gesucht: $f'(x)$

Forme um: $f(x) = \dfrac{u(x)}{v(x)} \qquad \big| \cdot v(x)$

$$\Rightarrow f(x) \cdot v(x) = u(x)$$

Nach der Produktregel gilt für $u'(x)$:

$$u'(x) = f'(x) \cdot v(x) + f(x) \cdot v'(x)$$

mit: $f(x) = \dfrac{u(x)}{v(x)}$

$$u'(x) = f'(x) \cdot v(x) + \frac{u(x)}{v(x)} \cdot v'(x) \qquad \Big| -\frac{u(x)}{v(x)} \cdot v'(x)$$

$$u'(x) - \frac{u(x)}{v(x)} \cdot v'(x) = f'(x) \cdot v(x) \qquad \big| : v(x)$$

$$\frac{u'(x)}{v(x)} - \frac{u(x)}{v(x)} \cdot \frac{v'(x)}{v(x)} = f'(x)$$

$$\frac{u'(x)}{v(x)} \cdot \frac{v(x)}{v(x)} - \frac{u(x)}{v(x)} \cdot \frac{v'(x)}{v(x)} = f'(x)$$

Ergänzung

$$\frac{u'(x) \cdot v(x)}{\left(v(x)\right)^2} - \frac{u(x) \cdot v'(x)}{\left(v(x)\right)^2} = f'(x)$$

$$\frac{u'(x) \cdot v(x) - u(x) \cdot v'(x)}{\left(v(x)\right)^2} = f'(x)$$

$$\Rightarrow \boxed{\textit{Kurzform : Für} \quad f = \frac{u}{v} \quad \textit{gilt} \quad f' = \frac{u' \cdot v - u \cdot v'}{v^2}}$$

Die Kettenregel (Herleitung)

Betrachte die Funktion: $f(x) = f\big(g(x)\big)$

Bsp.: $f(x) = (2x)^3$ Hierbei ist $g(x) = 2x$ die _innere_ Funktion.

Die _äußere_ Funktion ist $f(x) = \big(g(x)\big)^3$

Gesucht: $f'(x) = f'\big(g(x)\big)$

Für die Ableitung der Funktion $f(x)$ an der Stelle a gilt:

$$f'(x_0) = \lim_{x \to x_0} \frac{f(x) - f(x_0)}{x - x_0}$$

$$f'(x_0) = \lim_{x \to x_0} \frac{f\big(g(x)\big) - f\big(g(x_0)\big)}{x - x_0}$$

$$f'(x_0) = \lim_{x \to x_0} \frac{f\big(g(x)\big) - f\big(g(x_0)\big)}{x - x_0} \cdot \overbrace{\frac{g(x) - g(x_0)}{g(x) - g(x_0)}}^{Erweiterung}$$

$$f'(x_0) = \lim_{x \to x_0} \frac{f\big(g(x)\big) - f\big(g(x_0)\big)}{g(x) - g(x_0)} \cdot \frac{g(x) - g(x_0)}{x - x_0}$$

$$f'(x_0) = \underbrace{\lim_{x \to x_0} \frac{f\big(g(x)\big) - f\big(g(x_0)\big)}{g(x) - g(x_0)}}_{f'(g(x_0))} \cdot \underbrace{\lim_{x \to x_0} \frac{g(x) - g(x_0)}{x - x_0}}_{g'(x_0)}$$

$$f'(x_0) = f'\big(g(x_0)\big) \cdot g'(x_0)$$

Dies gilt für alle x_0. Wir können also auch allg. schreiben:

$$\boxed{f'(x) = f'\big(g(x)\big) \cdot g'(x)}$$

Kettenregel:

„Äußere Ableitung mal innere Ableitung"

(Die Multiplikation mit der Ableitung der inneren Funktion wird auch

häufig als _„nachdifferenzieren"_ bezeichnet.)

Im Bsp.:

$$f'(x) = \underbrace{3\big(g(x)\big)^2}_{f'(g(x))} \cdot \underbrace{2}_{g'(x)}$$

$$= 3(2x)^2 \cdot 2$$

$$= 24x^2$$

-24-

Kurvenuntersuchungen

→ Genaue Untersuchungen von Funktionseigenschaften für technische Anwendungen

Beispielfunktion: $f(x) = -\frac{1}{2}x^4 - 2x^3 + 8x^2 + 25x + 23$

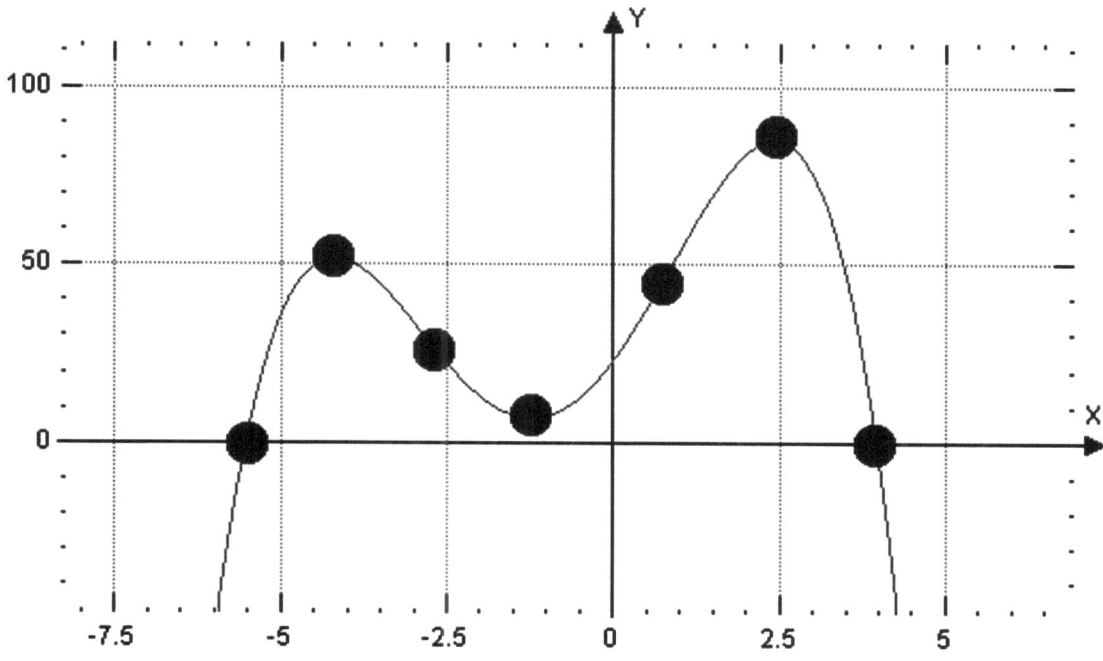

Besondere Punkte bei der Untersuchung:

- Schnittpunkte mit der x-Achse

- Hochpunkte (lokale Maxima) und Tiefpunkte (lokale Minima)

- Wendepunkte

www.mathematik-sek1.jimdo.com

Dr. Andreas Rueff

Monotonieverhalten

→ Untersuchung des Steigungsverhaltens der Funktion.

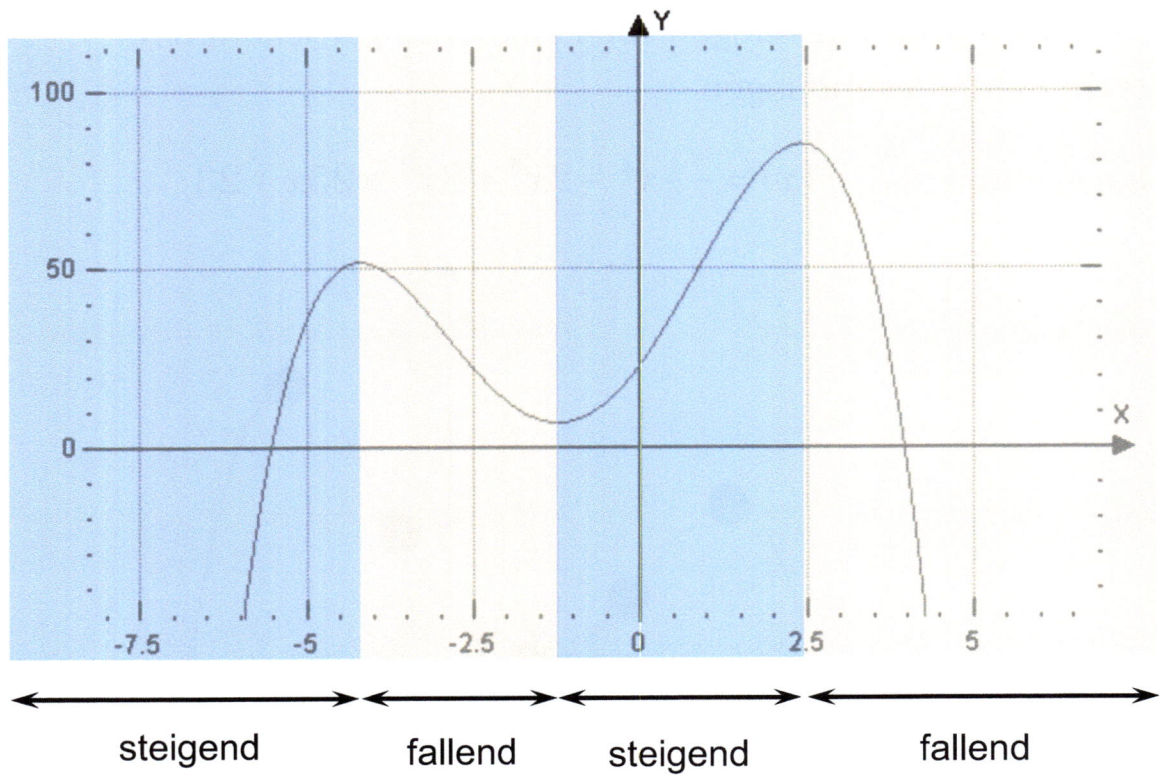

| steigend | fallend | steigend | fallend |

Wir unterscheiden:

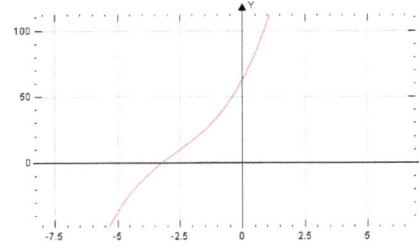

① streng monoton steigend (*fallend*)

→ es muss immer aufwärts (*abwärts*) gehen

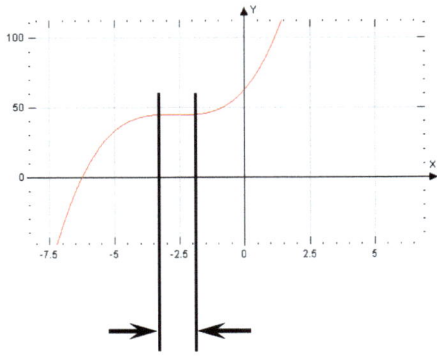

② monoton steigend (*fallend*)

→ es kann auch über bestimmte Bereichen einen waagrechten Verlauf geben. Es geht aufwärts (*abwärts*) <u>*oder geradeaus*</u>.

Wir können die Funktionen graphisch (s.o.) oder rechnerisch untersuchen.

→ Zur rechn. Untersuchung: Verwende die Ableitung der Funktion.

Beispiel: Normalparabel

$f(x) = x^2$

Ableitung: $f'(x) = 2x$

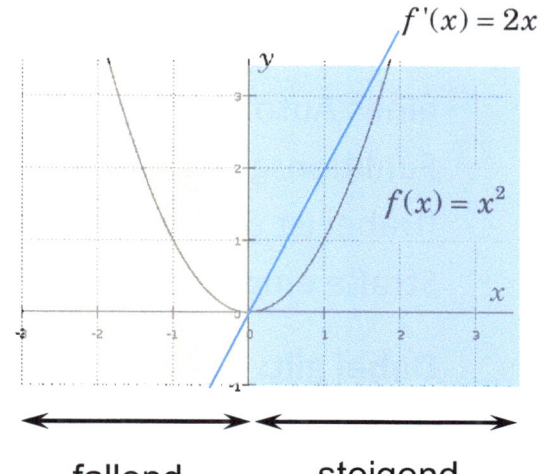

Für negative x-Werte ist $f(x)$ fallend.

→ Dort ist die Ableitungsfunktion $f'(x) = 2x$ negativ!

Für positive x-Werte ist $f(x)$ steigend.

→ Dort ist die Ableitungsfunktion $f'(x) = 2x$ positiv!

Monotoniekriterium für differenzierbare Funktionen:

❶ $f'(x) > 0 \rightarrow f(x)$ ist streng monoton steigend

❷ $f'(x) < 0 \rightarrow f(x)$ ist streng monoton fallend

Weiterhin gilt:

❸ $f'(x) \geq 0 \rightarrow f(x)$ ist monoton steigend

❹ $f'(x) \geq 0 \rightarrow f(x)$ ist monoton fallend

Krümmung der Funktion

Ein wichtiges Merkmal eines Funktionsgraphen ist das Krümmungsverhalten.

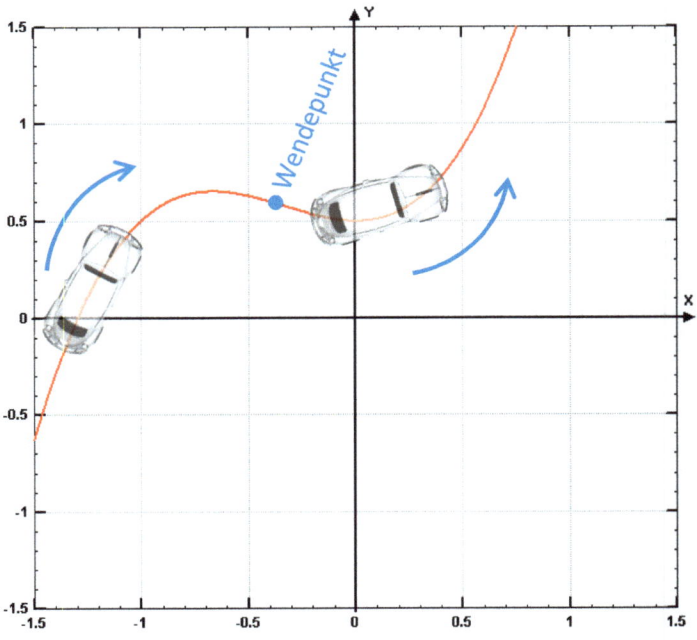

Anschaulich bedeutet das, wir untersuchen die Lenkrichtung eines Autofahrers der auf dem Funktionsgraphen entlang fährt. (Dabei ist die Funktion auf der Straße eingezeichnet.)

Dabei gilt:

a) f heißt rechtsgekrümmt, wenn die Ableitungsfunktion $f'(x)$ streng monoton fällt.

b) f heißt linksgekrümmt, wenn die Ableitungsfunktion $f'(x)$ streng monoton steigt.

Weiterhin kann das Krümmungsverhalten über die zweite Ableitung der Funktion $f''(x)$ bestimmt werden. Dabei gilt das **Krümmungskriterium**:

a) f heißt rechtsgekrümmt, wenn gilt: $f''(x) < 0$

b) f heißt linksgekrümmt, wenn gilt: $f''(x) > 0$

Beispiel:

$f(x) = x^3 + x^2$
$f'(x) = 3x^2 + 2x$
$f''(x) = 6x + 2$

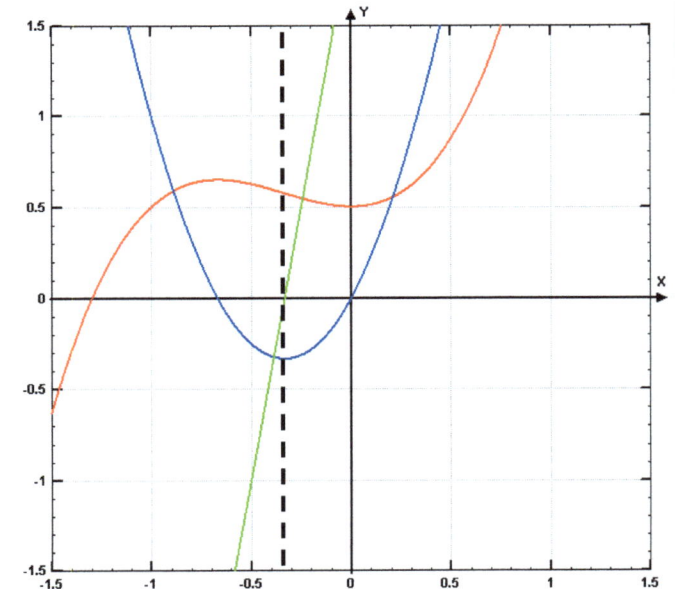

Dr. Andreas Rueff

Extrema und Wendepunkte

Bereiche mit unterschiedlichem Monotonieverhalten einer Funktion werden durch lokale Hoch- und Tiefpunkt begrenzt.

Diese Punkte lassen sich ebenfalls durch die Ableitungen der funktion leicht auffinden.

Betrachte erneut das Beispiel:

$$f(x) = x^3 + x^2$$
$$f'(x) = 3x^2 + 2x$$
$$f''(x) = 6x + 2$$

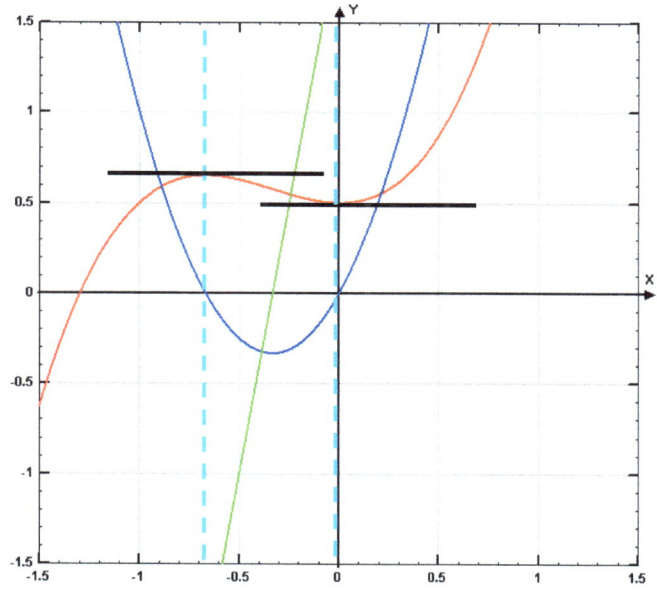

An der Stelle eines lokalen Hoch- oder Tiefpunktes liegt die Tangente an die Funktion immer waagerecht. Das bedeutet, dass dort die Steigung gleich null ist.

***Notwendiges Kriterium* für lokale Extrema:** **Die erste Ableitung** $f'(x)$ **der Funktion** *f* **muss an der Stelle** x_0 **den Wert null haben:** $f'(x) = 0$

Ob es sich dann um ein Hoch- oder Tiefpunkt handelt wird über das hinreichende Kriterium für Extrema untersucht:

***Ersten hinreichendes Kriterium* für lokale Extrema:**

> → *Berechnung der zweiten Ableitung* $f''(x_E)$
>
> $f''(x_E) < 0$ → Maximum von $f(x)$ bei x_E
>
> $f''(x_E) > 0$ → Minimum von $f(x)$ bei x_E
>
> $f''(x_E) = 0$ → keine Aussage möglich

Allerdings gilt dies auch bei folgendem Beispiel:

Hier ist aber auch die zweite Ableitung $f''(x)$ an der Stelle gleich null.

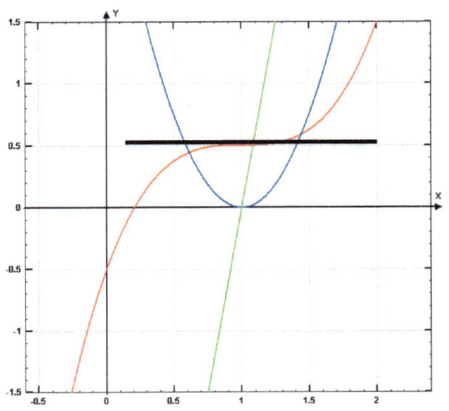

In diesem Fall muss dann die Existenz eines Extrempunktes durch das Krümmungsverhalten der Funktion untersucht werden. Das bedeutet dann, dass die Ableitungsfunktion $f'(x)$ gleichzeitig einen Vorzeichenwechsel an der Stelle x_0 haben muss. Ist dies nicht der Fall, dann handelt es sich an der Stelle x_0 um einen Sattelpunkt.

Untersuchung der Lösungen nach dem *zweiten hinreichenden Kriterium*:

$\rightarrow$ *Untersuchung der ersten Ableitung $f'(x_E)$ auf Vorzeichenwechsel*

Bei Vorzeichenwechsel von + nach − $\rightarrow$ Maximum von $f(x)$ bei x_E

Bei Vorzeichenwechsel von − nach + $\rightarrow$ Minimum von $f(x)$ bei x_E

Kein Vorzeichenwechsel $f'(x)$ bei x_E $\rightarrow$ Sattelpunkt von $f(x)$ bei x_E

Auf die gleiche Weise lassen sich Funktionen auf **Wendepunkte** untersuchen. Die Kriterien sind in der folgenden Übersicht zusammengefasst.

Kurvendiskussion ganzrationaler Funktionen

❶ Grenzwerte der Funktion für $x \to \infty$ **und** $x \to -\infty$

Das Verhalten der Funktion $f(x)$ wird durch die

Grenzprozesse $x \to \infty$ und $x \to -\infty$ untersucht.

$$\lim_{x \to \infty} f(x) = \qquad ; \qquad \lim_{x \to -\infty} f(x) =$$

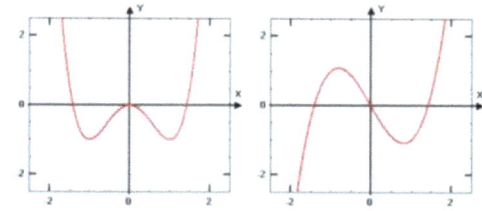

❷ Symmetrieuntersuchung

Berechne $f(-x)$ und vergleiche:

a) $f(-x) = -f(x)$ → Punktsymmetrie zum Ursprung

b) $f(-x) = +f(x)$ → Achsensymmetrie zur y-Achse

❸ Nullstellen

Berechne die Gleichung $f(x) = 0$ und löse nach x auf.

Lösungsmethoden:

p-q-Formel ; a-b-c-Formel ; Polynomdivision ;
Näherungsverfahren

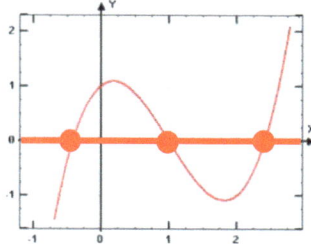

❹ Lokale Extremalpunkte

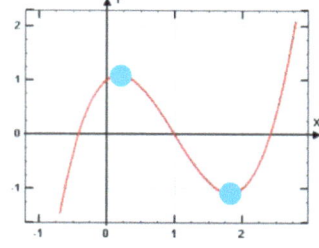

Notwendige Bedingung: Erste Ableitung nullsetzen

und nach x auflösen $\quad f'(x) \overset{!}{=} 0$ → Lösungen x_E

Untersuchung der Lösungen nach dem *ersten hinreichenden Kriterium*:

→ *Berechnung der zweiten Ableitung* $f''(x_E)$

$f''(x_E) < 0$ → Maximum von $f(x)$ bei x_E

$f''(x_E) > 0$ → Minimum von $f(x)$ bei x_E

$f''(x_E) = 0$ → keine Aussage möglich → zweites Kriterium anw.

Untersuchung der Lösungen nach dem *zweiten hinreichenden Kriterium*:

→ *Untersuchung der ersten Ableitung* $f'(x_E)$ *auf Vorzeichenwechsel*

Bei Vorzeichenwechsel von + nach − → Maximum von $f(x)$ bei x_E

Bei Vorzeichenwechsel von − nach + → Minimum von $f(x)$ bei x_E

Kein Vorzeichenwechsel $f'(x)$ bei x_E → Sattelpunkt von $f(x)$ bei x_E

Dr. Andreas Rueff

❺ Wendepunkte

Notwendige Bedingung: Zweite Ableitung

nullsetzen und nach x auflösen $\quad f''(x) \overset{!}{=} 0 \rightarrow$

Lösungen x_W

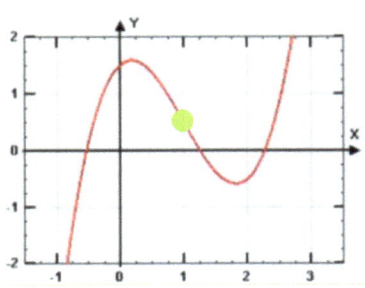

Untersuchung der Lösungen nach dem *ersten hinreichenden Kriterium*:

→ *Berechnung der dritten Ableitung* $f'''(x_W)$

$f'''(x_W) < 0$ → Wendepunkt (Links→Rechts) von $f(x)$ bei x_W

$f'''(x_W) > 0$ → Wendepunkt (Rechts→Links) von $f(x)$ bei x_W

$f'''(x_W) = 0$ → keine Aussage möglich → zweites Kriterium anw.

Untersuchung der Lösungen nach dem *zweiten hinreichenden Kriterium*:

→ *Untersuchung der zweiten Ableitung* $f''(x_W)$ *auf*

Vorzeichenwechsel

Bei Vorzeichenwechsel von + nach −

→ Wendepunkt (Links→Rechts) von $f(x)$ bei x_W

Bei Vorzeichenwechsel von − nach +

→ Wendepunkt (Rechts→Links) von $f(x)$ bei x_W

Kein Vorzeichenwechsel $f''(x)$ bei x_W

→ keine Wendestelle von $f(x)$ bei x_W

❻ Funktionsgraph zeichnen

Auf der Grundlage der berechneten Ergebnisse können die Nullstellen, die Extremalpunkte und die Wendepunkte der Funktion in ein Koordinatensystem gezeichnet werden. (ggf. mit Wertetabelle)

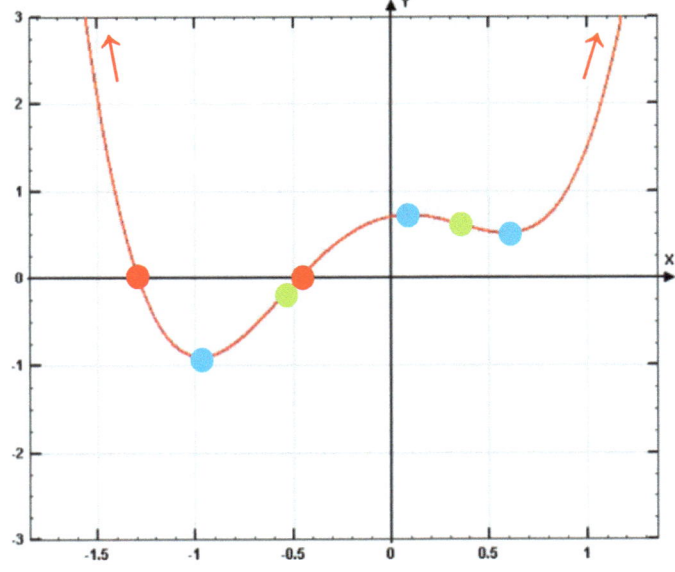

x	$f(x)$
-3	
-2	
-1	
0	
1	
2	
3	
4	

Beispiel: Kurvenuntersuchung

Diskutiere die Funktion $f(x) = x^3 - x^2 - 5x$ und zeichne den Funktionsgraph im Intervall $[-2,3]$.

❶ Grenzwerte

$$\lim_{x \to \infty}(x^3 - x^2 - 5x) = \underbrace{\lim_{x \to \infty}(x^3)}_{\text{höchste Potenz!}} + \lim_{x \to \infty}(-x^2) + \lim_{x \to \infty}(-5x) = +\infty$$

$$\lim_{x \to -\infty}(x^3 - x^2 - 5x) = \underbrace{\lim_{x \to -\infty}(x^3)}_{\text{höchste Potenz!}} + \lim_{x \to -\infty}(-x^2) + \lim_{x \to -\infty}(-5x) = -\infty$$

❷ Symmetrie

$$f(-x) = (-x)^3 - (-x)^2 - 5(-x) = -x^3 - x^2 + 5x$$

$$-f(x) = -x^3 + x^2 + 5x \quad \to \quad f(-x) \neq -f(x)$$

→ keine Punktsymmetrie zum Ursprung.

$$f(x) = x^3 - x^2 - 5x \quad \to \quad f(-x) \neq f(x)$$

→ keine Achsensymmetrie zur y-Achse.

(Alternative Begründung: Die Funktion enthält sowohl gerade als auch ungerade Exponenten. Deshalb liegt keine der beiden Standardsymmetrien vor.)

❸ Nullstellen

Bestimme die Ableitungen:

$$f(x) = x^3 - x^2 - 5x$$

$$f'(x) = 3x^2 - 2x - 5$$
$$f''(x) = 6x - 2$$
$$f'''(x) = 6$$

Bedingung für Nullstellen: $f(x) \overset{!}{=} 0 \quad \to \quad x^3 - x^2 - 5x = 0$

Faktorisiere:

$$x^3 - x^2 - 5x = 0$$
$$x(x^2 - x - 5) = 0$$

1. Faktor: $x_{01} = 0$

2. Faktor: $x^2 - x - 5 = 0$ $\xrightarrow{p-q-Formel}$ $x_{02} \cong -1,7913$; $x_{03} \cong 2,7913$

❹ **Extrema**

Notwendiges Kriterium:

$$f'(x) \overset{!}{=} 0 \quad \rightarrow \quad 3x^2 - 2x - 5 = 0 \quad \xrightarrow{p-q-Formel} \quad x_{E1} \cong -1 \ ; \ x_{E2} = \frac{5}{3} \cong 1,667$$

Hinreichendes Kriterium (erstes):

$$f''(x_{E1}) = 6(-1) - 2 = -8 < 0 \Rightarrow Maximum$$

$$f''(x_{E1}) = 6\left(\frac{5}{3}\right) - 2 = 8 > 0 \Rightarrow Minimum$$

y-Werte berechnen:

$$f(x_{E1}) = (-1)^3 - (-1)^2 - 5(-1) = 3 \qquad \rightarrow H(-1|3)$$

$$f(x_{E2}) = \left(\frac{5}{3}\right)^3 - \left(\frac{5}{3}\right)^2 - 5\left(\frac{5}{3}\right) \cong -6,481 \qquad \rightarrow T\left(\tfrac{5}{3}\big|-6,481\right)$$

❺ **Wendepunkte**

Notwendiges Kriterium:

$$f''(x) \overset{!}{=} 0 \quad \rightarrow \quad 6x - 2 = 0 \quad \rightarrow \quad x_W \cong \frac{1}{3}$$

Hinreichendes Kriterium (erstes):

$$f'''(x_W) = 6 > 0 \Rightarrow \text{Rechts-Links-Wendepunkt}$$

y-Werte berechnen:

$$f(x_W) = \left(\frac{1}{3}\right)^3 - \left(\frac{1}{3}\right)^2 - 5\left(\frac{1}{3}\right) \cong -1,741 \qquad \rightarrow W\left(\tfrac{1}{3}\big|-1,741\right)$$

❻ Graph: $f(x) = x^3 - x^2 - 5x$

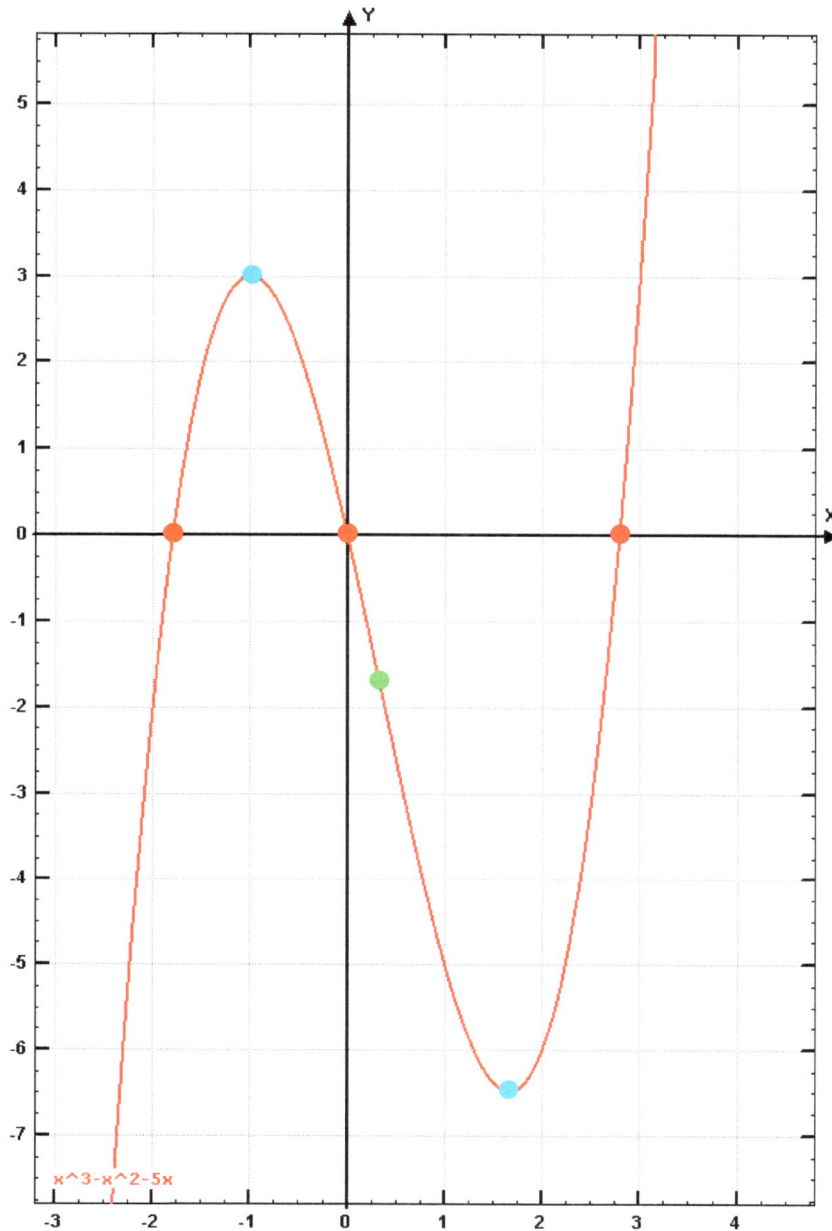

x^3-x^2-5x

Dr. Andreas Rueff

Steigung & Ableitung – Anwendungen (1)

Tangentenproblem: Wie lautet die Gleichung der Tangente an einen Graphen an der Stelle x_o ?

Es gilt: Geradengleichung $t(x) = mx + n$

Beispiel: $f(x) = 2x^2 - 4$

a) Bestimme die Tangentengleichung bei $x_o = -2$

b) Bestimme die Tangentengleichung bei $x_o = 1$

$\Rightarrow$ Ableitung: $f'(x) = 4x$

zu a) Steigung m bei $x_o = -2$ $\rightarrow$ $m = f'(-2) = -8$

$$\Rightarrow t(x) = -8x + n$$

Gleichzeitig muss gelten: $t(-2) \overset{!}{=} f(-2)$

$$-8 \cdot (-2) + n = 2 \cdot (-2)^2 - 4$$
$$16 + n = 8 - 4 \qquad \big|-16$$
$$n = 8 - 4 - 16$$
$$\underline{n = -12}$$

$$\Rightarrow \underline{\underline{t(x) = -8x - 12}}$$

zu b) Steigung m bei $x_o = 1$ $\rightarrow$ $m = f'(1) = 4$ $\Rightarrow t(x) = 4x + n$

Gleichzeitig muss gelten:

$$t(1) \overset{!}{=} f(1)$$
$$4 \cdot (1) + n = 2 \cdot (1)^2 - 4$$
$$4 + n = 2 - 4 \qquad \big|-4$$
$$n = 2 - 4 - 4$$
$$\underline{n = -6}$$

$$\Rightarrow \underline{\underline{t(x) = 4x - 6}}$$

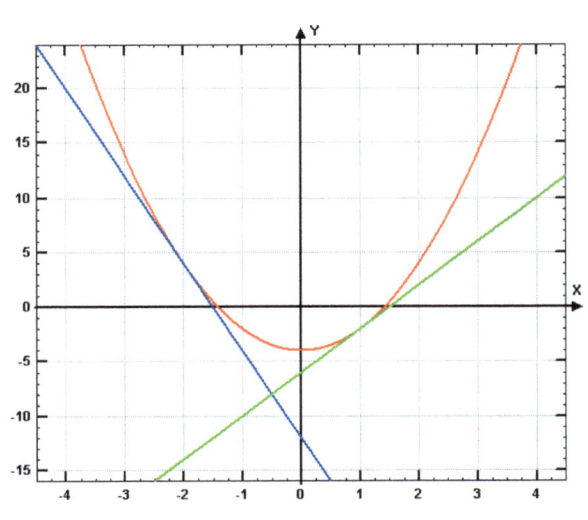

www.mathematik-sek1.jimdo.com   Dr. Andreas Rueff

Steigung & Ableitung – Anwendungen (2)

Steigungswinkel: Welchen Steigungswinkel hat die Funktion $f(x)$ an der Stelle x_o ?

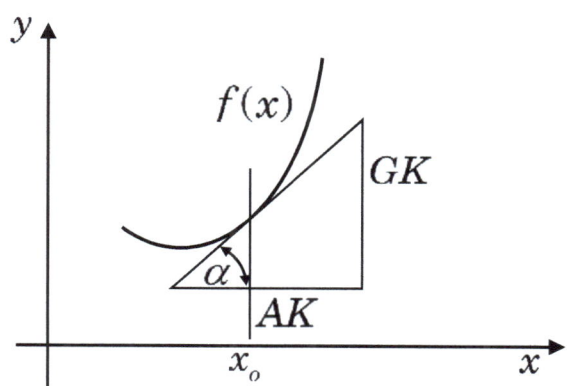

Es gilt: $\boxed{\tan \alpha = \dfrac{Gegenkathete \ \ (GK)}{Ankathete \ \ (AK)}}$

Bsp: $f(x) = 2x^2 - 4$

b) Bestimme den Steigungswinkel bei $x_o = -2$

b) Bestimme den Steigungswinkel bei $x_o = 1$

$\Rightarrow$ Ableitung: $f'(x) = 4x$

zu a) Steigung m bei $x_o = -2$ $\rightarrow$ $m = f'(-2) = -8$

$\qquad$ m = Gegenkathete (Ankathete = 1)

$\qquad\qquad \Rightarrow \tan \alpha = -8$ $\qquad$ $\left|\tan^{-1}\right.$

$\qquad\qquad \Rightarrow \alpha = -82,9°$

zu b) Steigung m bei $x_o = 1$

$\rightarrow$ $m = f'(1) = 16$ $\quad \left(= GK\right)$

$\qquad\qquad \Rightarrow \tan \alpha = 16$ $\qquad$ $\left|\tan^{-1}\right.$

$\qquad\qquad \Rightarrow \alpha = 75,96°$

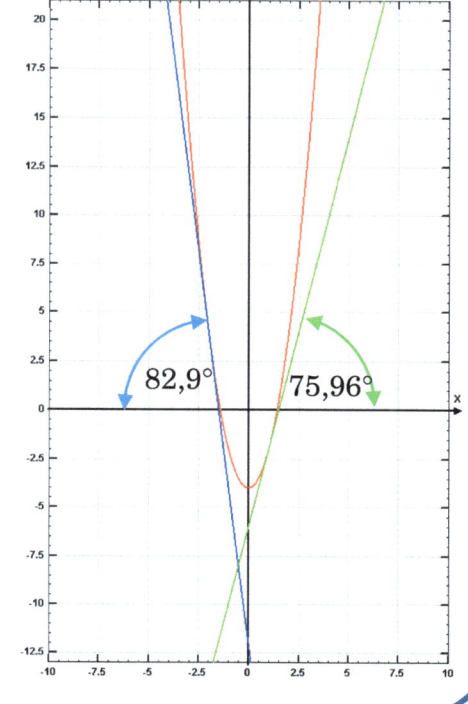

Dr. Andreas Rueff

Anwendungsbeispiel: Senkrechter Wurf

Ein Pfeil wird mit einer Anfangsgeschwindigkeit $v_0 = 50\frac{m}{s}$ senkrecht nach oben geschossen.

Dabei wirkt die Schwerkraft auf den Pfeil. Für die Weg-Zeit-Funktion gilt dabei: $s(t) = 50\frac{m}{s}t - 5\frac{m}{s^2}t^2$

    a) Zeichne die Weg-Zeit-Funktion $s(t)$ und die Geschwindigkeits-Zeit-Funktion $v(t)$.

    b) Welche Höhe hat der Pfeil nach einer Flugzeit von 6 Sekunden? Steigt der Pfeil oder fällt er bereits zu diesem Zeitpunkt?

    c) Berechne die maximale Flughöhe und wann sie erreicht wird.

    d) Nach welcher Zeit schlägt der Pfeil auf dem Boden auf?

Zu a) siehe rechts

$s(t) = 50\frac{m}{s}t - 5\frac{m}{s^2}t^2$

$v(t) = s'(t) = 50\frac{m}{s} - 10t\frac{m}{s^2}$

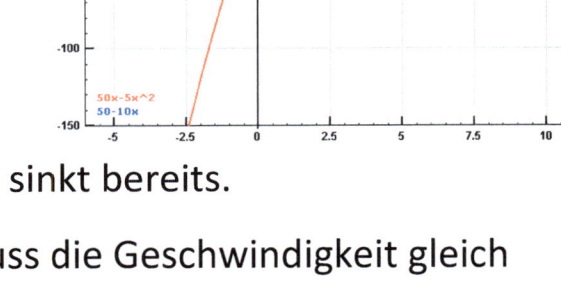

Zu b)

$s(6) = 50\frac{m}{s} \cdot 6s - 5\frac{m}{s^2}(6s)^2 = \underline{120m}$

$v(6) = s'(6) = 50\frac{m}{s} - 10 \cdot (6s)\frac{m}{s^2} = \underline{\underline{-10\frac{m}{s}}}$

Flughöhe: 120m

Geschwindigkeit: negativ → Der Pfeil sinkt bereits.

Zu c) Bei der maximalen Flughöhe muss die Geschwindigkeit gleich null sein: $v(t) \overset{!}{=} 0\frac{m}{s}$ $\Rightarrow$ $50\frac{m}{s} - 10t\frac{m}{s^2} = 0$ $\Rightarrow$ $50\frac{m}{s} = 10t\frac{m}{s^2}$ $\Rightarrow$ $\underline{t = 5s}$

Maximale Flughöhe: $s(5) = 50\frac{m}{s}(5s) - 5\frac{m}{s^2}(5s)^2 = \underline{125m}$

Zu d)

$s(t) \overset{!}{=} 50\frac{m}{s}t - 5\frac{m}{s^2}t^2$ $\Rightarrow$ $t_{01} = 0$, $t_{01} = 10$ (Start – und Aufschlagzeitpunkt)

Anwendungsbeispiel:

Bierdosen-mathematik

(Warum fällt die volle Dose leichter um und wann steht sie am stabilsten?)

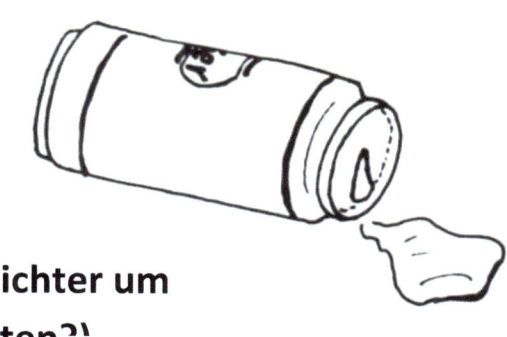

Die Variable x gibt die Füllhöhe an $(0 < x < 1)$

Es gilt für die Orte der Schwerpunkte:

1) **Dose:** $x_{(S_{Dose})}$ ist konstant: $x_{(S_{Dose})} = \dfrac{1}{2}$

2) **Bier:** $x_{(S_{Bier})}$ ist abhängig vom Durst, nimmt

   also mit der Zeit ab (*ist somit variabel*).

   Für den Schwerpunkt des

   Biers gilt: $x_{(S_{Bier})} = \dfrac{1}{2} x$ (= halbe Füllhöhe)

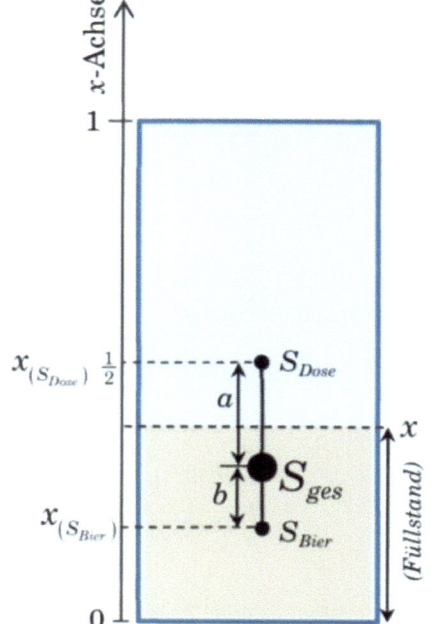

Die Dose steht natürlich umso stabiler, je tiefer der gemeinsame Schwerpunkt S_{ges} liegt!

Für den Ort des _gemeinsamen_ Schwerpunks gilt:

Aus der Astronomie (Planetenbewegungen, z.B. Erde-Mond) weiß man, dass gilt:

$$\frac{a}{b} = \frac{m_{Bier}}{m_{Dose}}$$

(Die Abstände vom gemeinsamen Schwerpunkt verhalten sich umgekehrt zu den entsprechenden Massen)

Also gilt für a: $a = x_{(S_{Dose})} - x_{(S_{Bier})} - b$ $\Rightarrow$ $a = \dfrac{1}{2} - \dfrac{x}{2} - b$

$\Rightarrow$ **Ansatz:** $\dfrac{\frac{1}{2} - \frac{x}{2} - b}{b} = \dfrac{m_{Bier}}{m_{Dose}}$

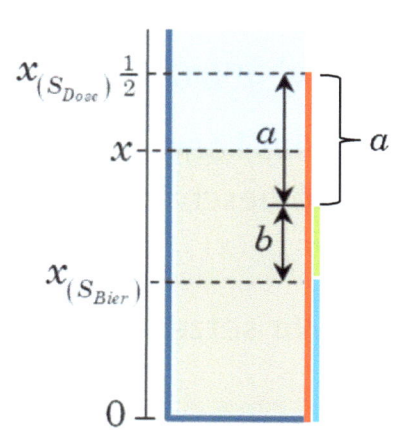

-39-

$$\frac{\frac{1}{2}-\frac{x}{2}-b}{b}=\frac{m_{Bier}}{m_{Dose}}$$

$$\Leftrightarrow \frac{\frac{1}{2}-\frac{x}{2}}{b}-\underbrace{\frac{b}{b}}_{=1}=\frac{m_{Bier}}{m_{Dose}}$$

$$\Leftrightarrow \frac{\frac{1}{2}-\frac{x}{2}}{b}=\frac{m_{Bier}}{m_{Dose}}+1$$

$$\Leftrightarrow \frac{\frac{1-x}{2}}{\frac{m_{Bier}}{m_{Dose}}+1}=b$$

$$\Leftrightarrow \frac{\frac{1-x}{2}}{\underbrace{\frac{m_{Bier}}{m_{Dose}}+\frac{m_{Dose}}{m_{Dose}}}_{=1}}=b$$

$$\Leftrightarrow \frac{\frac{1-x}{2}}{\frac{m_{Bier}+m_{Dose}}{m_{Dose}}}=b$$

$$\Leftrightarrow \frac{1-x}{2}\cdot\frac{m_{Dose}}{m_{Bier}+m_{Dose}}=b$$

Die Masse des Bieres ist aber vom Durst (also der Füllhöhe x) abhängig! (und somit auch b)

Dies können wir so beschreiben:

$$m_{Bier}(x)=x\cdot m_{Bier}$$

Wir setzen ein:

$$\boxed{\begin{aligned}m_{Bier}(voll)&=500g\\ m_{Dose}&=25g\end{aligned}}$$

$$\Leftrightarrow b(x)=\frac{1-x}{2}\cdot\frac{25}{x\cdot 500+25}$$

$$\Leftrightarrow b(x)=\frac{(1-x)\cdot 25}{x\cdot 1000+50}$$

$$\Leftrightarrow \boxed{b(x)=\frac{1-x}{40x+2}}$$

Die Höhe des Schwerpunkts

liebt bei: $\boxed{S(x)=x_{(S_{Bier})}+b(x)}$

$$S(x)=\frac{x}{2}+b(x)$$

$$S(x)=\frac{x}{2}+\frac{1-x}{40x+2}$$

$$S(x)=\frac{x\cdot(20x+1)}{2\cdot(20x+1)}+\frac{1-x}{40x+2}$$

$$S(x)=\frac{20x^2+x+1-x}{40x+2}$$

$$\boxed{S(x)=\frac{20x^2+1}{40x+2}}$$

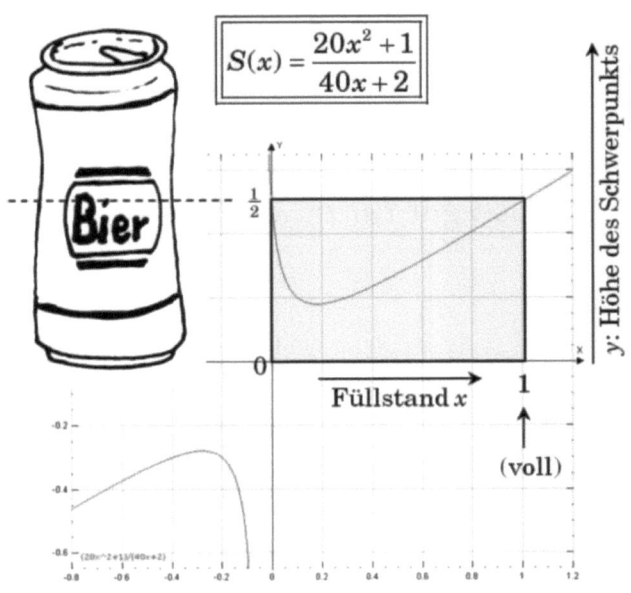

-40-

Die Dose steht am stabilsten, wenn der Schwerpunkt an tiefsten liegt. Also suchen wir das Minimum der Funktion *S(x)*!

Wir müssen die Funktion *S(x)* ableiten und suchen die Stelle, an der die Ableitung den Wert Null annimmt.

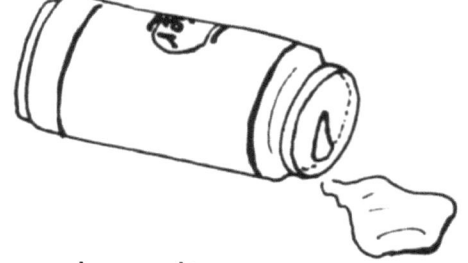

Die Anwendung von Ableitungsregeln führen zu:

Ableitung: $S'(x) = \dfrac{200x^2 + 20x - 10}{400x^2 + 40x + 1}$

Für die Nullstelle der Ableitungsfunktion *S'(x)* muss also gelten:

$S'(x) \overset{!}{=} 0$

$0 = \dfrac{200x^2 + 20x - 10}{400x^2 + 40x + 1} \qquad \Big| \cdot 400x^2 + 40x + 1$

$0 = 200x^2 + 20x - 10$

Lösen der quadratischen Gleichung führt zu den Ergebnissen:

$x_{1,2} = \dfrac{-1 \pm \sqrt{21}}{20}$

Nur die positive Lösung macht Sinn (es gibt keine negative Füllmenge!)

$x = \dfrac{-1 + \sqrt{21}}{20} \cong \underline{\underline{0{,}17913}}$

<u>Also:</u> Wann steht die Bierdose am stabilsten? Wenn sie nur noch ca. 18% des Biers beinhaltet!

Dann liegt der Schwerpunkt S_{ges} am tiefsten!

Die Funktion *S(x)* hat dort ihr Minimum.

Oder anders ausgedrückt: Die Ableitung *S'(x)* hat eine Nullstelle.

www.mathematik-sek1.jimdo.com

Dr. Andreas Rueff

Integralrechnung - Streifenmethode

Die anschauliche Interpretation eines Integrals ist der Flächeninhalt S zwischen dem Graphen der Funktion $f(x)$ und der x-Achse.
Es soll eine allgemeine Methode zur Berechnung dieser Fläche gefunden werden. Lösungsidee: Streifenmethode des Archimedes

Beispiel: $f(x) = x^2$

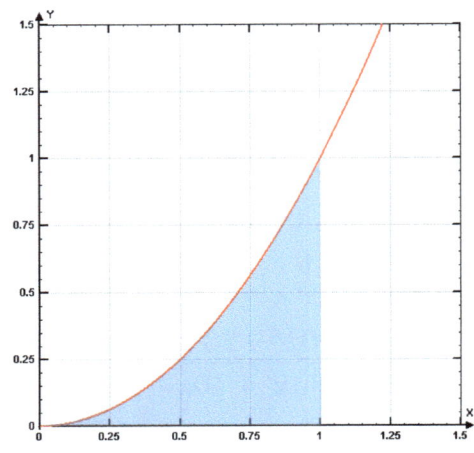

Betrachte das Intervall $\begin{bmatrix} 0,1 \end{bmatrix}$
Die Fläche unter dem Funktionsgraphen wird durch Rechtecke angenähert.

Die Summe der Rechteckflächen soll dabei näherungsweise die gesuchte Fläche unter dem Funktionsgraphen ergeben.
Wir wählen zunächst vier Rechtecke die die gesuchte Fläche komplett überdecken. Die Summe der Rechteckflächen (O_4 Obersumme) ist dann größer als die gesuchte Fläche S. Weiterhin können wir die Rechtecke auch so wählen, dass sie innerhalb der gesuchten Fläche liegen (U_4 Untersumme).

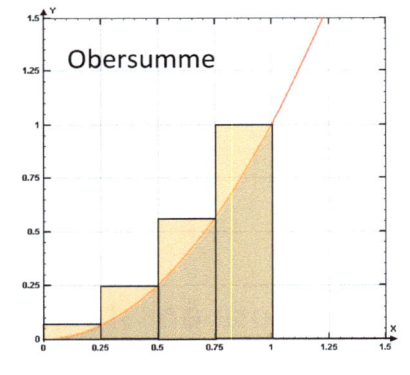

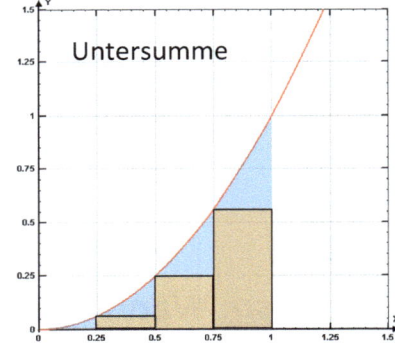

Die beiden angenäherten Flächen grenzen den wahren Wert des gesuchten Flächeninhalts S ein:
Untersumme < S < Obersumme

Genauere Werte erhalten wir durch eine höhere Anzahl der Rechtecke:
Der Grenzwert für unendlich viele Rechtecke liefert dann den exakten Flächeninhalt S:

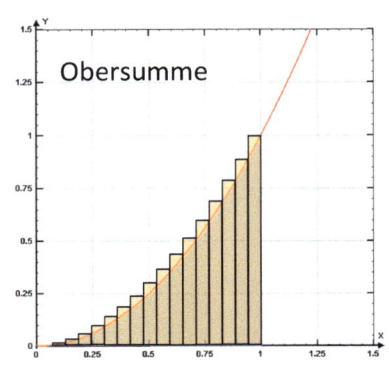

$$\lim_{x \to \infty} O_n = \lim_{x \to \infty} U_n = S$$

Dr. Andreas Rueff

Die Flächeninhaltsfunktion

Die Berechnung der Obersumme und der Untersumme wird jetzt auf beliebige Intervalle erweitert.

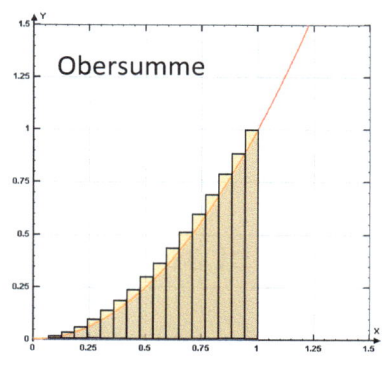

Jeder Funktion $f(x)$ wird durch die Grenzwertbildung eine Flächeninhaltsfunktion $A_0(x)$ zugeordnet. Mit ihr lässt sich die Fläche unter dem Funktionsgraphen genau berechnen:

Bsp: $f(x) = x^2$

Die zugehörige Flächeninhaltsfunktion $A_0(x)$ ist: $A_0(x) = \frac{1}{3} x^3$

Für die Berechnung der Fläche im Intervall $[0,1]$ erhalten wir:

$A_0(1) = \frac{1}{3} 1^3 = \frac{1}{3}$ Der Flächeninhalt beträgt also S $\cong \underline{\underline{0,33 \; FE}}$

Allgemein gilt:

Die Ableitung der Flächeninhaltfuntion $A_0(x)$ zur unteren Grenze 0 liefert die Randfunktion $f(x)$.

$$\boxed{A_0{}'(x) = f(x)}$$

Aufgaben: Bestimme die Flächeninhaltfunktionen.

   a) $f(x) = 4x$ b) $f(x) = 9x^3$ c) $f(x) = x^2 - x$ d) $f(x) = 3x^2 + 8x + 5$

   e) $f(x) = x^8 + 2x^5 + 8x^3$ f) $f(x) = \frac{x^2}{3} + \frac{x}{4}$ g) $f(x) = \frac{x^4}{10} + 3x^2 - x + \frac{2}{5}$

   h) $f(x) = (x-2) \cdot (x+2)$ i) $f(x) = 13$

Lösungen:

a) $A_o(x) = \frac{4x^2}{2} = 2x^2$ b) $A_o(x) = \frac{9x^4}{4} = \frac{9}{4} x^4$ c) $A_o(x) = \frac{x^3}{3} - \frac{x^2}{2}$ d) $A_o(x) = x^3 + 4x^2 + 5x$

e) $A_o(x) = \frac{1}{9} x^9 + \frac{1}{3} x^6 + 2x^4$ f) $A_o(x) = \frac{1}{9} x^3 + \frac{1}{8} x^2$ g) $A_o(x) = \frac{1}{50} x^5 + x^3 - \frac{1}{2} x^2 + \frac{2}{5} x$

h) $A_o(x) = \frac{1}{3} x^3 - 4x$ i) $A_o(x) = 13x$

Dr. Andreas Rueff

Das unbestimmte und das bestimmte Integral

Rückblick: Flächeninhaltsfunktion $A_o(x)' = f(x)$

Bsp: $f(x) = x \;\Rightarrow A_o(x) = \dfrac{x^2}{2}$ weil $\left(\dfrac{x^2}{2}\right)' = x$

Es gibt aber auch noch weitere Lösungen:

$$\left.\begin{array}{l} F_1(x) = \dfrac{x^2}{2} + 1 \\[2mm] F_2(x) = \dfrac{x^2}{2} + 2 \\[2mm] \dots \\[2mm] F(x) = \dfrac{x^2}{2} + C \end{array}\right\} \textit{Stammfunktionen von } f(x)$$

(*Beachte:* Beim Differenzieren fällt die Konstante weg!)

Begriffe:

→ Stammfunktion $F(x)$: Jede Funktion für die gilt: $F(x)' = f(x)$

→ unbestimmtes Integral: Menge aller Stammfunktionen von $f(x)$

Schreibweise:

unbestimmtes Integral	bestimmtes Integral
$\displaystyle\int f(x)\,dx = F(x) + C$	$\displaystyle\int_a^b f(x)\,dx = F(b) - F(a)$
	(reelle Zahl!)
	dx: Integrationsvariable
	$f(x)$: Integrand
	a,b: Integrationsgrenzen

Rechenregeln für unbestimmte Integrale

Potenzregel der Integralrechnung

$$\int x^n \, dx = \frac{x^{n+1}}{n+1} + C \quad (n \in \mathbb{Z}, n \neq -1)$$

Summenregel der Integralrechnung

$$\int f(x) + g(x) \, dx = \int f(x) \, dx + \int g(x) \, dx$$

Faktorregel der Integralrechnung

$$\int a \cdot f(x) \, dx = a \cdot \int f(x) \, dx \quad (a \in \mathbb{R})$$

Das bestimmte Integral

Für den Flächeninhalt S zwischen dem Graphen einer Funktion $f(x)$ und der x-Achse über einem Intervall $[a,b]$ gilt der Zusammenhang:

$$S = \left[F(x) \right]_a^b = F(b) - F(a)$$

Hauptsatz der Integralrechnung:

$$\int_a^b f(x) dx = \left[F(x) \right]_a^b = F(b) - F(a)$$

Rechenregeln für unbestimmte Integrale:

$$\int_a^a f(x) dx = 0 \qquad \int_a^c f(x) dx = \int_a^b f(x) dx + \int_b^c f(x) dx$$

$$\int_a^b f(x) dx = -\int_b^a f(x) dx \qquad \int_a^b k \cdot f(x) dx = k \cdot \int_a^b f(x) dx$$

$$\int_a^b (f(x) + g(x)) dx = \int_a^b f(x) dx + \int_a^b g(x) dx$$

Übung: Berechne die unbestimmten Integrale

a) $\int 4x^5 dx$

b) $\int \left(2x^3 - 4x + 5\right) dx$

c) $\int \frac{1}{x^2} dx$

d) $\int \left(x^2 + \frac{1}{x^4}\right) dx$

e) $\int \sqrt{x}\, dx$

LÖSUNG

a) $\int 4x^5 dx = 4\int x^5 dx = 4\frac{x^6}{6} + C = \frac{2}{3}x^6 + C$

b)

$$\int \left(2x^3 - 4x + 5\right) dx = \int 2x^3 dx - \int 4x\, dx + \int 5\, dx =$$

$$= \frac{x^4}{2} - 2x^2 + 5x + C$$

c) $\int \frac{1}{x^2} dx = \int x^{-2} dx = \frac{x^{-1}}{-1} + C = -\frac{1}{x} + C$

d)

$$\int \left(x^2 + \frac{1}{x^4}\right) dx = \int x^2 dx + \int x^{-4} dx = \frac{x^3}{3} + \frac{x^{-3}}{-3} + C =$$

$$= \frac{x^3}{3} - \frac{1}{3x^3} + C$$

e) $\int \sqrt{x}\, dx = \int x^{\frac{1}{2}}\, dx = \frac{x^{\frac{3}{2}}}{\frac{3}{2}} + C = x^{\frac{3}{2}} \cdot \frac{2}{3} + C = \sqrt{x^3} \cdot \frac{2}{3} + C = \frac{2\sqrt{x^3}}{3} + C$

Übung: Das bestimmte Integral - Flächenberechnungen

1) Berechne den Flächeninhalt der über dem Intervall $[0,3]$ zwischen der Funktion $f(x) = \frac{1}{3}x^3 - x^2 + 2$ und der x-Achse liegt.

Lösung:

Stammfunktion finden
$$\rightarrow F(x) = \frac{1}{12}x^4 - \frac{1}{3}x^3 + 2x$$

Flächeninhalt:

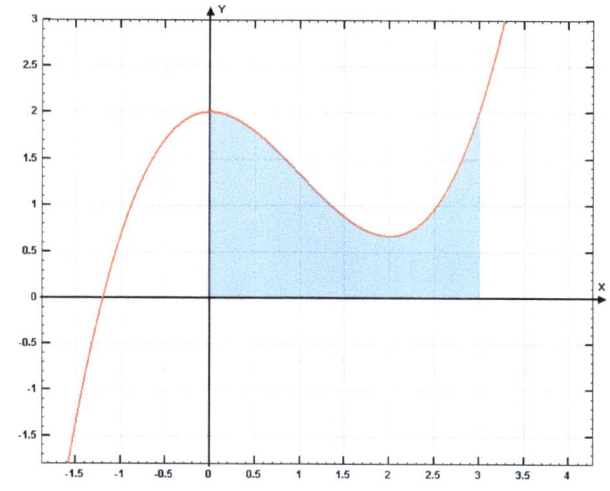

$$S = \int\limits_0^3 f(x)dx = \left[F(x)\right]_0^3$$
$$= \left[\frac{1}{12}x^4 - \frac{1}{3}x^3 + 2x\right]_0^3$$
$$= \frac{1}{12} \cdot 3^4 - \frac{1}{3} \cdot 3^3 + 2 \cdot 3$$
$$= \underline{\underline{3{,}75 FE}}$$

2) Berechne den Flächeninhalt der über dem Intervall $[1,3]$ zwischen der Funktion $f(x) = \frac{1}{3}x^3 - x^2 + 2$ und der x-Achse liegt.

$$F(x) = \frac{1}{12}x^4 - \frac{1}{3}x^3 + 2x$$

Flächeninhalt:

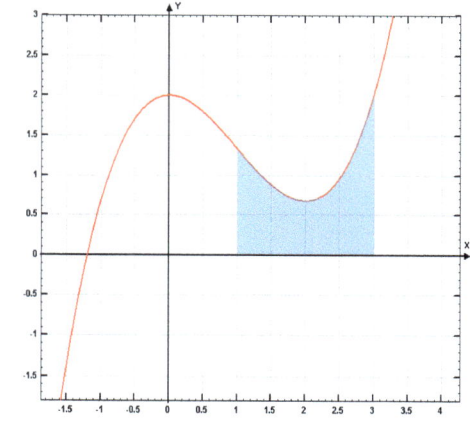

$$S = \int\limits_1^3 f(x)dx = \left[F(x)\right]_1^3$$
$$= \left[\frac{1}{12}x^4 - \frac{1}{3}x^3 + 2x\right]_1^3$$
$$= \left(\frac{1}{12} \cdot (3)^4 - \frac{1}{3} \cdot (3)^3 + 2 \cdot (3)\right) - \left(\frac{1}{12} \cdot (1)^4 - \frac{1}{3} \cdot (1)^3 + 2 \cdot (1)\right)$$
$$= \underline{\underline{2 FE}}$$

3) Berechne den Flächeninhalt der zwischen der Funktion $f(x) = \frac{1}{3}x^3 - \frac{1}{3}x^2 - 2x$ und der x-Achse liegt.

Lösung: Nullstellen berechnen

$$f(x) \stackrel{!}{=} 0 \rightarrow \frac{1}{3}x^3 - \frac{1}{3}x^2 - 2x = 0$$
$$\rightarrow x\left(\frac{1}{3}x^2 - \frac{1}{3}x - 2\right) = 0$$
$$\rightarrow x_{01} = 0 \quad ; \quad x_{02} = -2 \quad ; \quad x_{03} = 3$$

Stammfunktion $F(x) = \frac{1}{12}x^4 - \frac{1}{9}x^3 - x^2$

Berechne schrittweise zwischen den Nullstellen:

$$S_1 = \int\limits_{-2}^{0} f(x)dx = \left[F(x)\right]_{-2}^{0}$$

$$= \left[\tfrac{1}{12}x^4 - \tfrac{1}{9}x^3 - x^2\right]_{-2}^{0}$$

$$= \left(\tfrac{1}{12}\cdot(0)^4 - \tfrac{1}{9}\cdot(0)^3 - (0)^2\right) - \left(\tfrac{1}{12}\cdot(-2)^4 - \tfrac{1}{9}\cdot(-2)^3 - (-2)^2\right)$$

$$\cong \underline{1{,}777778\,FE}$$

$$\left|S_2\right| = \left|\left[F(x)\right]_{0}^{3}\right|$$

$$= \left|\left[\tfrac{1}{12}x^4 - \tfrac{1}{9}x^3 - x^2\right]_{0}^{3}\right|$$

$$= \left|\left(\tfrac{1}{12}\cdot(3)^4 - \tfrac{1}{9}\cdot(3)^3 - (3)^2\right) - \left(\tfrac{1}{12}\cdot(0)^4 - \tfrac{1}{9}\cdot(0)^3 - (0)^2\right)\right|$$

$$\cong \left|-5{,}25\right| = \underline{\underline{5{,}25\,FE}}$$

(Wir erhalten ein negatives Ergebnis weil die Fläche unter der x-Achse liegt. Deshalb muss in diesem Fall mit dem Betrag gerechnet werden.)

Um den gesamten Flächeninhalt anzugeben müssen wir die Beträge der Feilflächen addieren:

$$S_{ges} = S_1 + S_2 \cong 1{,}77778 + \left|-5{,}25\right| = \underline{\underline{7{,}02778\,FE}}$$

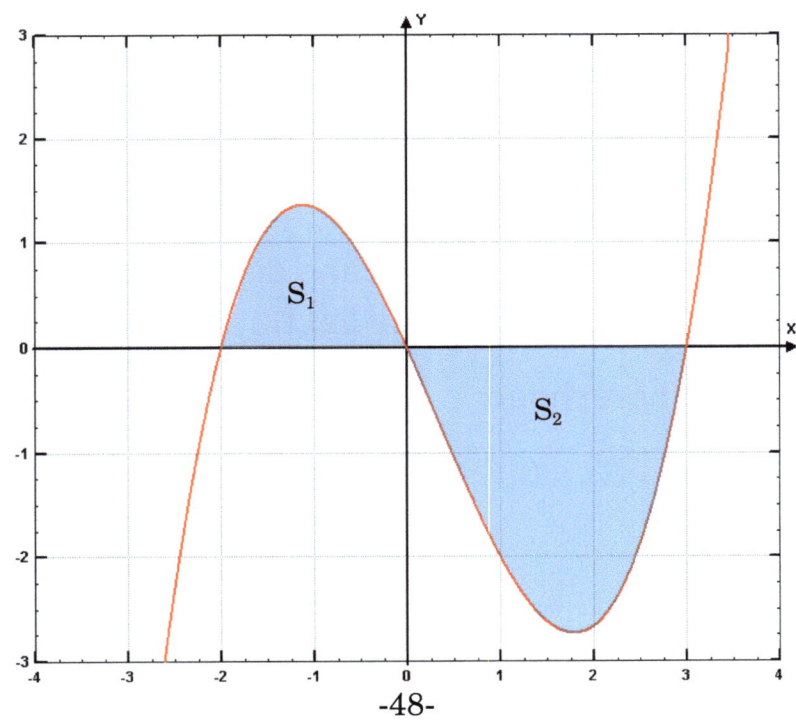

4) Berechne den Flächeninhalt der zwischen der Funktion $f(x) = \frac{1}{3}x^3 - x^2 + 1$ und der Funktion $g(x) = -\left(x - \frac{3}{2}\right)^2 + \frac{13}{4}$ liegt.

Schnittstellen berechnen:

Berechne die Differenzfunktion $h(x) = f(x) - g(x)$

$$h(x) = \frac{1}{3}x^3 - x^2 + 1 - \left(-\left(x - \frac{3}{2}\right)^2 + \frac{13}{4}\right)$$

$$h(x) = \frac{1}{3}x^3 - x^2 - \left(-x^2 + 3x - \frac{9}{4} + \frac{9}{4}\right)$$

$$h(x) = \frac{1}{3}x^3 - 3x$$

$$h(x) = x\left(\frac{1}{3}x^2 - 3\right)$$

Nullstellen der Differenzfunktion berechnen:

$$x\left(\frac{1}{3}x^2 - 3\right) \overset{!}{=} 0$$

$$\rightarrow x_{S1} = 0; x_{S2} = 3; x_{S3} = -3$$

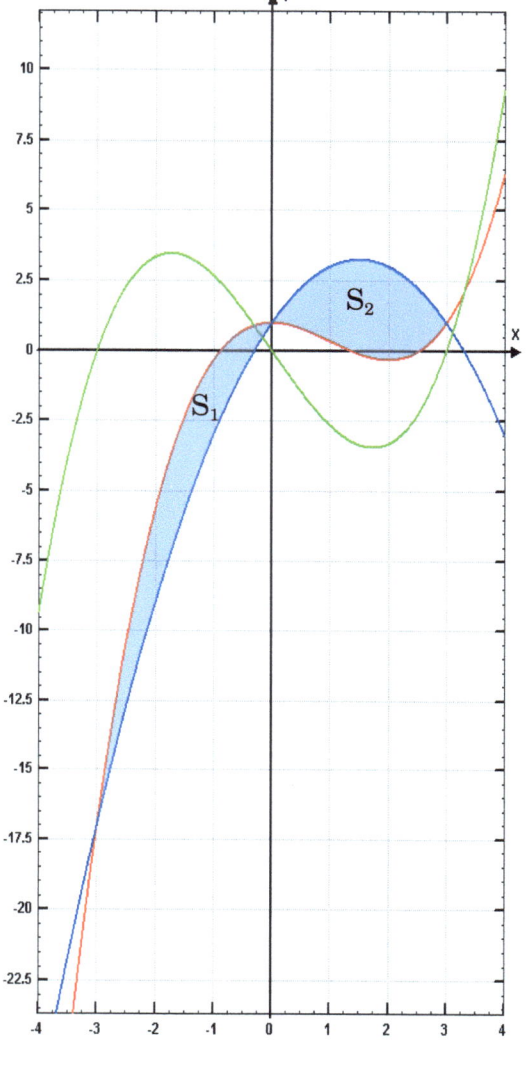

Berechne die Flächeninhalte:

$$S_1 = \int_{-3}^{0} h(x)dx = \int_{-3}^{0}\left(\frac{1}{3}x^3 - 3x\right)dx =$$

$$= \left[H(x)\right]_{-3}^{0}$$

$$= \left[\frac{1}{12}x^4 - \frac{3}{2}x^2\right]_{-3}^{0}$$

$$= \left(\frac{1}{12}\cdot(0)^4 - \frac{3}{2}\cdot(0)^2\right) - \left(\frac{1}{12}\cdot(-3)^4 - \frac{3}{2}\cdot(-3)^2\right)$$

$$= \underline{\underline{6,75 FE}}$$

$h(x) = \frac{1}{3}x^3 - 3x$ ist punktsymmetrisch zum Ursprung. Daher gilt für

den Flächeninhalt im Intervall $[0,3]$: $S_2 = \int_{0}^{3} h(x)dx = S_1 = \int_{-3}^{0} h(x)dx$

Insgesamt wird also zwischen beiden Funktionsgraphen also eine Fläche von $S_{ges} = S_2 + S_1 = \underline{\underline{13,5 FE}}$ (Flächeneinheiten) eingeschlossen.

(Anmerkung: Der Flächeninhalt zwischen den Funktionen f(x) und g(x) entspricht dem Flächeninhalt zwischen der Funktion h(x) und der x-Achse)

Rotationskörper

Besonders einfach ist mit Hilfe der Integralrechnung die Berechnung des Volumens von Rotationssymmetrischen Körpern.

Wir übernehmen die Überlegungen von der Streifenmethode des Archimedes. Wir lassen nun die Rechtecke um die x-Achse rotieren. Dadurch entstehen Zylinderscheiben in deren Zentrum die x-Achse liegt.

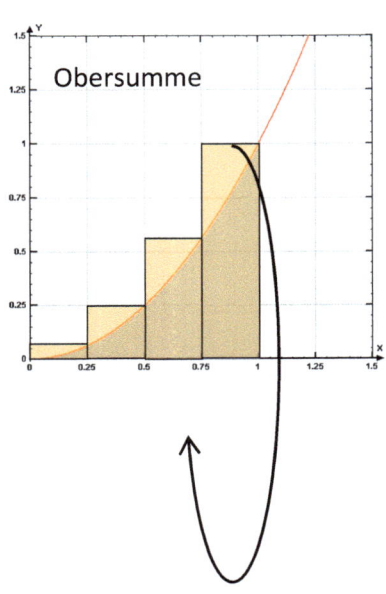

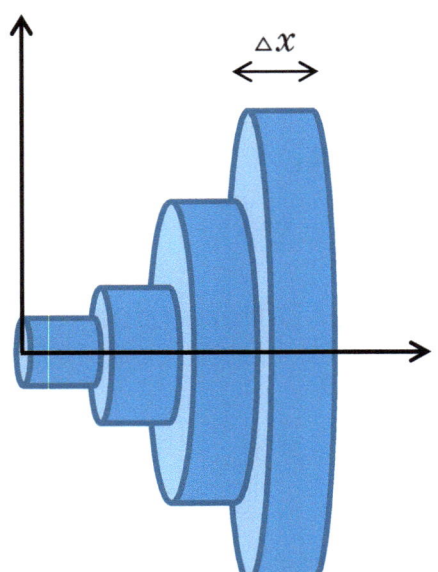

Das Volumen eines Drehkörpers kann jetzt aus n zylindrischen Scheiben zusammengesetzt werden. Das Volumen einer solchen Scheibe berechnet sich dann nach den einfachen Grundlagen eines Zylinders: $V_i = G \cdot h = \left(\pi \cdot r^2 \right) \cdot \Delta x$

G ist dabei die Grundfläche einer Zylinderscheibe und r der Radius der Grundfläche. Gleichzeitig ist hier aber der Radius durch den Funktionswert $f(x)$ festgelegt. Also gilt: $V_i = \left(\pi \cdot \left(f(x) \right)^2 \right) \cdot \Delta x$ für die i-te Zylinderscheibe.

Das gesamte Volumen ist dann die Summe aller Zylinderscheiben:

$$V = \sum_i V_i = \sum_i \left(\pi \cdot \left(f(x_i) \right)^2 \right) \cdot \Delta x$$

Lässt man die Anzahl der Zylinderscheiben gegen unendlich streben erhält man

das Volumen des Drehkörpers. Es gilt: $\boxed{V = \pi \cdot \int_a^b \left(f(x) \right)^2 \, dx}$

Beispielaufgaben - Rotationskörper

1) Die Fläche zwischen dem Graphen der Funktion f und der x-Achse
   werde um die x-Achse gedreht. Zeichne die zu drehende Fläche
   und berechne das Volumen des entstehenden Rotationskörpers.

$$f(x) = -\frac{1}{3}x^3 + x^2$$

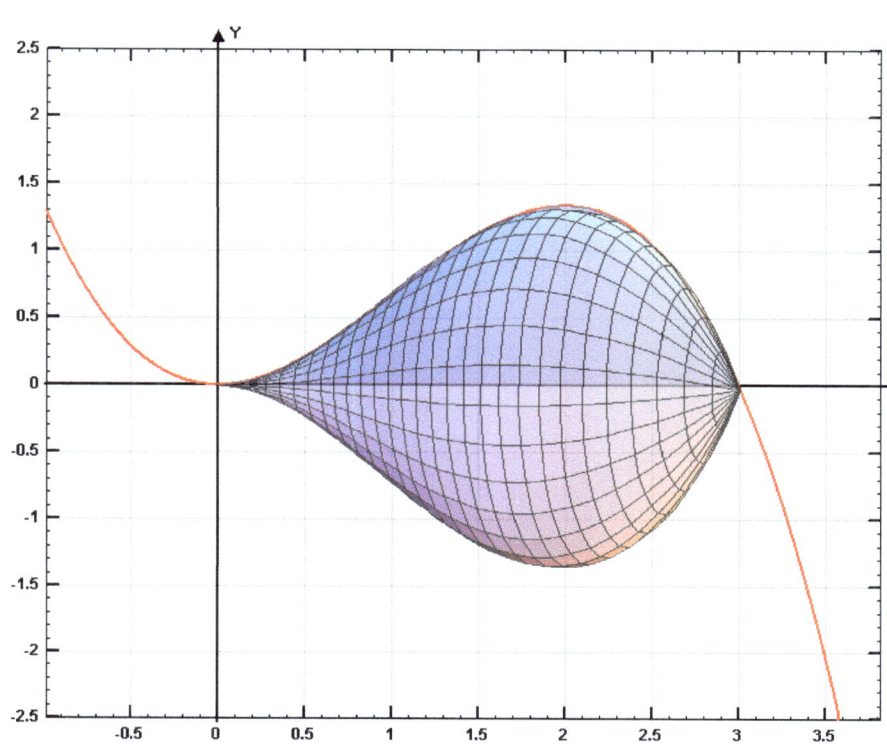

Lösung:

$$f(x) = -\frac{1}{3}x^3 + x^2$$

$$0 = -\frac{1}{3}x^3 + x^2 = x^2(-\frac{1}{3}x + 1)$$

$$x_{01} = 0 \; und \; x_{02} = 3$$

$$V = \pi \cdot \int_0^3 (-\frac{1}{3}x^3 + x^2)^2 dx = \pi \cdot \int_0^3 (\frac{1}{9}x^6 - \frac{2}{3}x^5 + x^4) dx$$

$$F(x) = \frac{1}{63}x^7 - \frac{1}{9}x^6 + \frac{1}{5}x^5$$

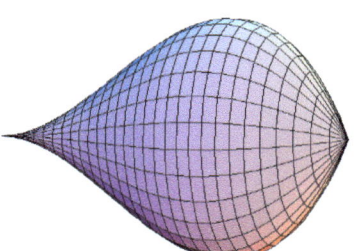

$$V = \pi \cdot \int_0^3 (\frac{1}{9}x^6 - \frac{2}{3}x^5 + x^4) dx = \pi \cdot [\frac{1}{63}x^7 - \frac{1}{9}x^6 + \frac{1}{5}x^5]_0^3$$

$$= \pi \cdot (\frac{1}{63} \cdot 3^7 - \frac{1}{9} \cdot 3^6 + \frac{1}{5} \cdot 3^5) = (34\frac{5}{7} - 81 + 48,6) \cdot \pi = \underline{\underline{7,27 \;\; VE}}$$

Dr. Andreas Rueff

2) Die Fläche zwischen dem Graphen der Funktion f und der x-Achse werde um die x-Achse gedreht. Zeichne die zu drehende Fläche und berechne das Volumen des entstehenden Rotationskörpers im Intervall $[0,2]$.

$$f(x) = -\frac{1}{3}x^3 + x^2$$

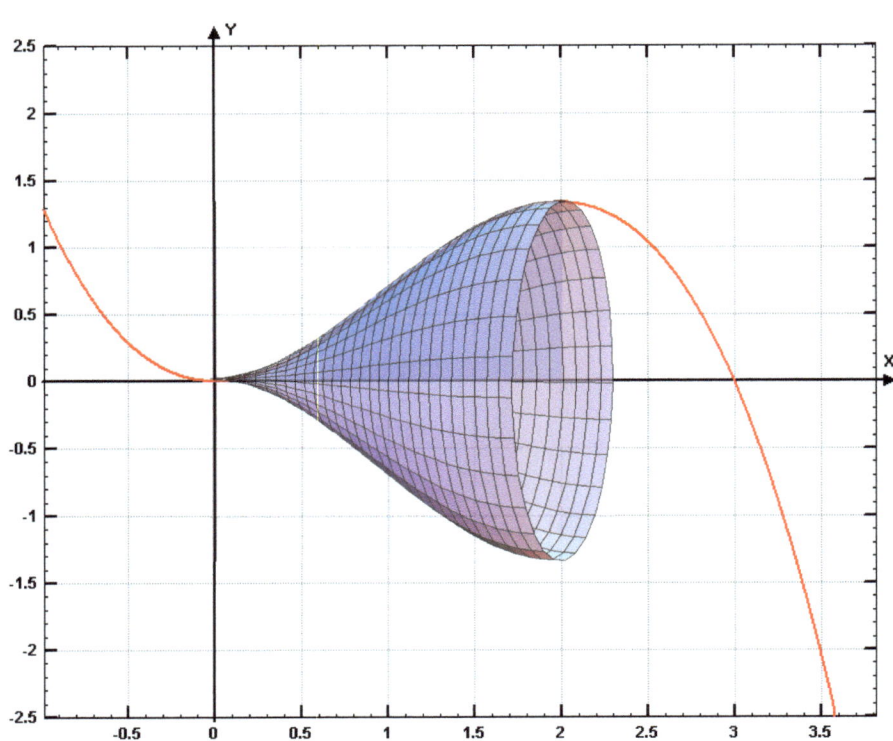

Lösung:

$$V = \pi \cdot \int_0^2 (-\frac{1}{3}x^3 + x^2)^2 dx = \pi \cdot \int_0^2 (\frac{1}{9}x^6 - \frac{2}{3}x^5 + x^4)dx$$

$$F(x) = \frac{1}{63}x^7 - \frac{1}{9}x^6 + \frac{1}{5}x^5$$

$$V = \pi \cdot \int_0^2 (\frac{1}{9}x^6 - \frac{2}{3}x^5 + x^4)dx = \pi \cdot [\frac{1}{63}x^7 - \frac{1}{9}x^6 + \frac{1}{5}x^5]_0^2$$

$$= \pi \cdot (\frac{1}{63} \cdot 2^7 - \frac{1}{9} \cdot 2^6 + \frac{1}{5} \cdot 2^5) \cong \underline{\underline{4,15 \ VE}}$$

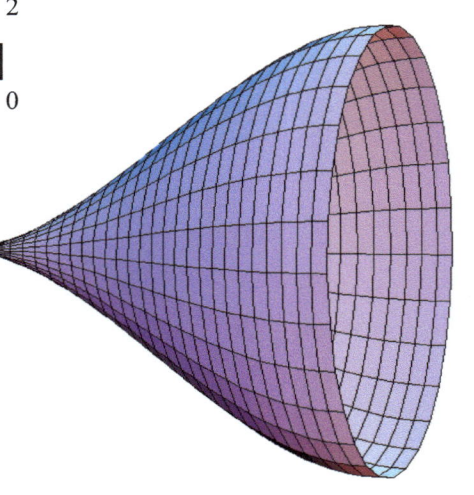

www.mathematik-sek1.jimdo.com

Dr. Andreas Rueff

3) Die Fläche zwischen dem Graphen der Funktion f und der x-Achse werde um die x-Achse gedreht. Zeichne die zu drehende Fläche und berechne das Volumen des entstehenden Rotationskörpers im Intervall $[0,1]$.

$$f(x)=x^2$$

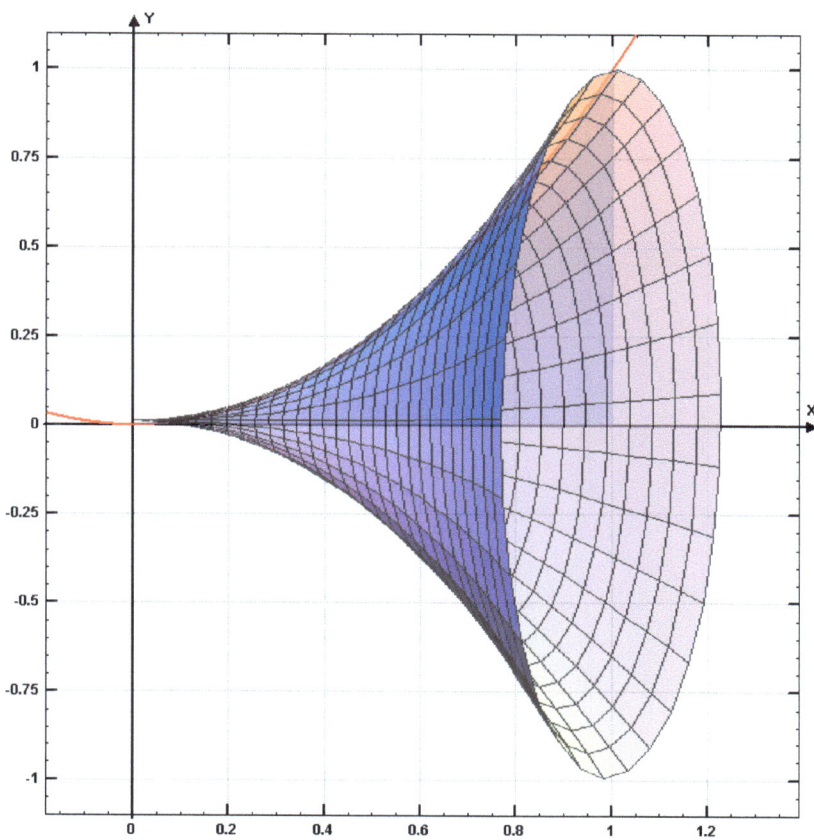

<u>Lösung:</u>

$$V=\pi\cdot\int_{0}^{1}(x^2)^2dx=\pi\cdot\int_{0}^{1}(x^4)dx$$

$$F(x)=\frac{1}{5}x^5$$

$$V=\pi\cdot\int_{0}^{1}(x^4)dx=\pi\cdot\left[\frac{1}{5}x^5\right]_{0}^{1}$$

$$=\pi\cdot(\frac{1}{5}\cdot\left(1\right)^5)\cong\underline{\underline{0,628\ VE}}$$

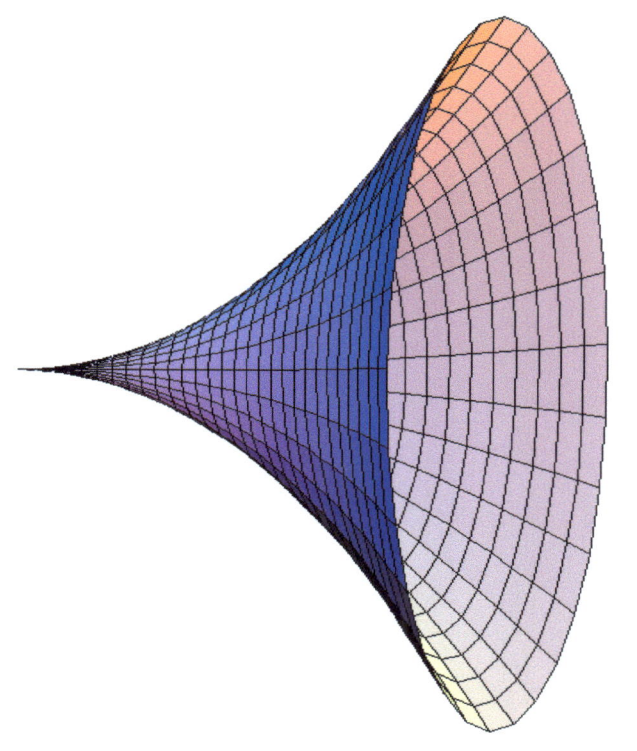

Dr. Andreas Rueff

4) Herleitung der Formel für das Kugelvolumen. Die Funktionsgleichung für einen Halbkreis lautet: $f(x) = \sqrt{r^2 - x^2}$ Durch Rotation um die x-Achse im Intervall $[-1,1]$ erhalten wir eine Kugel.

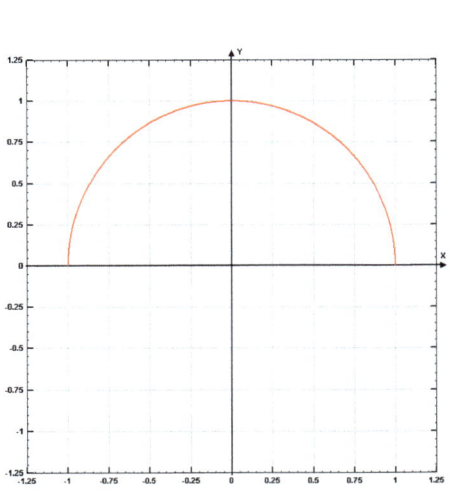

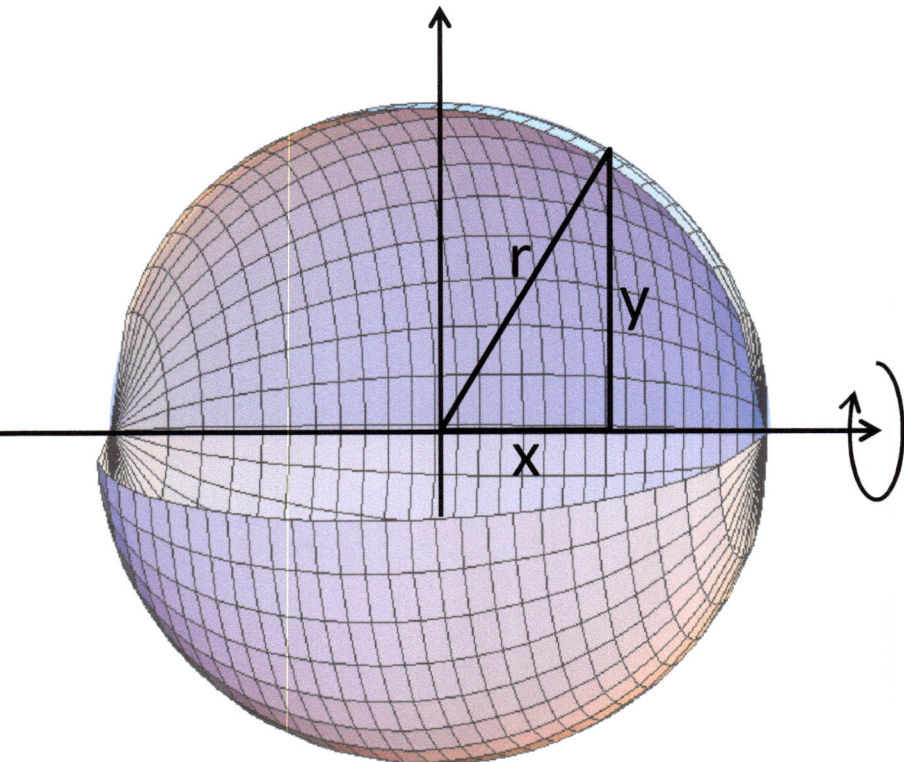

Lösung:

$$V = \pi \cdot \int_{-r}^{r} (\sqrt{r^2 - x^2})^2 \, dx = \pi \cdot \int_{-r}^{r} (r^2 - x^2) \, dx$$

$$F(x) = \left[r^2 x - \frac{1}{3} x^3 \right]_{-r}^{r}$$

$$V = \pi \cdot \int_{-r}^{r} (r^2 - x^2) \, dx = \pi \cdot \left[r^2 x - \frac{1}{3} x^3 \right]_{-r}^{r}$$

$$V = \pi \cdot (r^2 r - \frac{1}{3} r^3 - (-r^2 r + \frac{1}{3} r^3)) = \pi \cdot \left(\frac{2}{3} r^3 - \left(-\frac{2}{3} r^3 \right) \right) = \underline{\underline{\frac{4}{3} \pi \cdot r^3}}$$

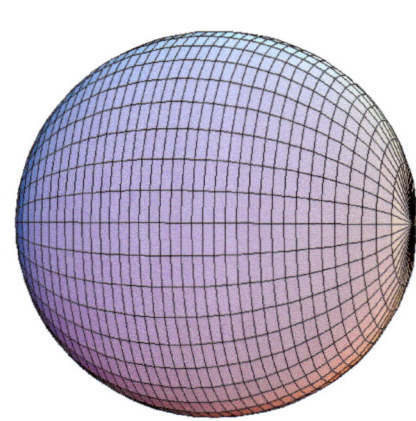

-54-

Dr. Andreas Rueff

Die Eulersche Zahl e

Wachstumsformel:

$$K_n = K_o \cdot \left(1 + \frac{p}{100}\right)^n$$

Betrachte wieder das Zinseszins-Problem:

❶ Normalfall für das Beispiel: „Kapitalverdopplung",

d.h.: Zinssatz $p = 100\%$ → Startkapital: $K_o = 1 Euro$

Kapital nach einem Jahr: $K_1 = K_o \cdot \left(1 + \frac{100}{100}\right)^1$

$$\to K_1 = 1 \cdot \left(1 + \frac{100}{100}\right)^1 = 1 \cdot 2^1 = \underline{\underline{2 Euro}}$$

❷ Zinszuschlag mehrmals im Jahr: Betrachte den Fall, dass mehrmals zwischen zeitlich" Zinsen <u>anteilig</u> gutgeschrieben würden.

①Das bedeutet z.B.: Zwei Mal im Jahr Zinszuteilung, für jeweils das halbe Jahr!

Erstes Halbjahr:

$$K_{1a} = 1 \cdot \left(1 + \left(\underset{\substack{\text{Zinshal-}\\\text{bierung}}}{\frac{100}{100} \cdot \frac{1}{2}}\right)\right) = 1 \cdot \left(1 + \left(\frac{1}{2}\right)\right) = 1 \cdot (1,5) = \underline{\underline{1,5 Euro}}$$

Zweites Halbjahr:

$$K_{1b} = 1,5 \cdot \left(1 + \left(\frac{100}{100} \cdot \frac{1}{2}\right)\right) = 1,5 \cdot \left(1 + \left(\frac{1}{2}\right)\right) = 1,5 \cdot (1,5) = \underline{\underline{2,25 Euro}}$$

Berechnung in einem Schritt mit der Wachstumsformel:

Bsp: $K_1 = K_o \cdot \left(1 + \left(\underset{\frac{1}{2}Jahr \hat{=} halbeZinsen}{\frac{p}{100} \cdot \frac{1}{2}}\right)\right)^2$

> Zwei Zinszuschläge in einem Jahr

$$K_1 = 1 \cdot \left(1 + \left(\frac{100}{100} \cdot \frac{1}{2}\right)\right)^2 = 1 \cdot \left(1 + \left(\frac{1}{2}\right)\right)^2 = 1 \cdot (1,5)^2 = \underline{\underline{2,25 \, Euro}}$$

② Bei drei Zinszuteilungen im Jahr erhalten wir:

$$K_1 = 1 \cdot \left(1 + \left(\frac{100}{100} \cdot \frac{1}{3}\right)\right)^3 = 1 \cdot \left(1 + \left(\frac{1}{3}\right)\right)^3 = 1 \cdot (1,\overline{3})^3 \cong \underline{\underline{2,37 \, Euro}}$$

③ Bei n Zinszuteilungen im Jahr können wir also schreiben:

$$K_1 = 1 \cdot \left(1 + \left(\frac{100}{100} \cdot \frac{1}{n}\right)\right)^n = 1 \cdot \left(1 + \left(\frac{1}{n}\right)\right)^n = \xrightarrow{n \to \infty} \cong \underline{\underline{\overbrace{2,7145}^{Eulersche Zahl} ... Euro}}$$

Weitere Skripte:

Analytische Geometrie
Skript zur Unterrichtseinheit
(Mathematik Sekundarstufe 2)

BoD

Mathematik
Grundlagen für die Mittelstufe
(Sekundarstufe 1)
3. Auflage

BoD

Digitaltechnik
Skript zur Unterrichtseinheit
(Technik)

BoD

Technische Industrialisierung
Skript zur Unterrichtseinheit
(Technik)

BoD

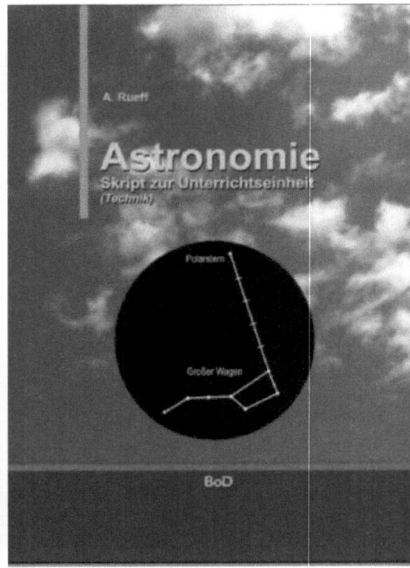

Astronomie
Skript zur Unterrichtseinheit
(Technik)

BoD

Kernenergie
Skript zur Unterrichtseinheit
(Technik / Physik)

BoD

Luftfahrt
Skript zur Unterrichtseinheit
(Technik)

BoD

Nanotechnologie
Skript zur Unterrichtseinheit
(Technik)

BoD

Technisches Zeichnen
Skript zur Unterrichtseinheit
(Technik)

BoD